KB251624

임혁 · 박혜은 · 전경아 엮음 | 정지예 그림

교실로 간
아인슈타인

직접 해보지 않으면 알 수 없어!
천방지축 여중생의 좌충우돌 과학실험

가람
기획

머리말

'왜? 어떻게?'
놀랄 수 있는 마음의 여유가 과학의 시작

대부분의 중학교에서 여름방학이면 학생들에게 '탐구보고서 쓰기'를 방학 숙제로 내주고 있습니다. 방학이라는 긴 시간 동안 의문을 품고, 가설을 세우고, 계획을 짜고, 이렇게 저렇게 해보고, 결론을 이끌어 내보라고 내준 숙제이지만 많은 학생들은 기대를 저버리지 않고 인터넷에 있는 내용을 끌어다 붙여 내기 일쑤입니다. 어쩌면 학생들이 그 많은 시간이 주어져도 이렇게 숙제를 땜질하듯이 제출하는 것이 당연할지도 모르겠습니다. 학원에 다니기 바쁘니까요. 그런데 곰곰이 생각해보면 학원에 다니느라 바쁜 것이 아니라 탐구하는 방법을 모르는 것이 더 큰 문제라는 생각이 듭니다.

탐구는 사실 어려운 것이 아닙니다. 호기심과 흔히 우리 주변에서 볼 수 있는 것에 놀랄 수 있는 마음의 여유만 있으면 됩니다. 수천 년 동안 수백 만 명의 사람들이 나무에서 사과가 떨어지는 모습을 보아왔습니다. 그러나 호기심을 품고, 놀라운 마음으로 '왜? 어떻게?'라는 질문을 던진 사람은 없습니다. 영국의 유명한 물리학자

뉴턴이 사과나무에서 사과가 떨어지는 것을 보고 '왜? 어떻게?' 라는 의문을 품고 연구하여 발견한 것이 그 유명한 만유인력의 법칙입니다.

아침이 되면 알람이 울리고 그 소리에 우리는 잠을 깹니다. 그리고 욕실로 가서 거울을 들여다보고 비누거품을 내서 얼굴을 씻습니다. 가스레인지나 전자레인지에 음식을 익히거나 아침식사를 하고 냉장고에서 우유나 주스를 꺼내 마십니다. 그리고 밤이 되어 어두우면 전등을 켜서 주위를 밝힙니다. 이 모든 것이 우리에게는 놀랄 만한 것이 아닙니다. 그러나 우리가 당연히 여기며 쓰고 있는 많은 물건이 왜, 어떻게 만들어졌는지 아는 사람은 많지 않습니다. 알람은 어떤 원리로 움직이고, 비누는 어떻게 만들며, 거울에 비치는 내 모습이 왜 반대로 비치는지 말입니다. 오늘날 우리 앞에 있는 많은 물건들은 바로 '의문'을 품었던 많은 사람들이 의문을 해결하려고 노력한 결과 만들어진 것입니다.

탐구의 시작이 왜, 어떻게라는 의문을 갖는 것이라면 탐구의 끝은 보고서를 쓰는 것입니다. 그런데 탐구보고서는 아무렇게 쓰는 것이 아니라 몇 가지 단계―탐구방법 또는 탐구과정―를 거쳐야 합니다. 먼저 탐구할 대상을 면밀히 관찰해야 합니다. 그리고 그 하나 하나의 특성에 대하여 조사해야 합니다. 탐구할 대상과 비슷한 현상이 또 있는지, 있다면 둘 사이의 관계는 어떤 관계인지 알아봐야 합니다. 관찰 결과를 바탕으로 가설을 세워야 합니다. 즉, 관찰 결과 뒤에 숨은 이치를 설명하는 것입니다. 과학자들은 이전에 이미 밝혀놓은 과학 법칙이나 규칙을 적용하여 이러한 이치를 설명합니다. 여러분도 가설을 세울 때 여러분이 알고 있는 과학 법칙이나 규칙을 적용하면 됩니다. 가설 설정이 끝나면 이 가설이 맞는지 확실히 증명해야 합니다. 과학에서는 흔히 실험을 통해 증명합니다. 가설이 확인되면 탐구방법(또는 과정)을 탐구주제, 탐구하게 된 동기 및 목적, 탐구시기, 탐구방법, 탐구결과, 결론순으로 정리하여 보고서를 쓰면 됩니다.

탐구보고서를 쓰는 것은 어려운 일이 아니지만 한 번도 써보지 않은 학생이 쓰기에 쉬운 일도 아닙니다. 아무리 방학이 길다 해도 의문을 품고, 가설을 세우고, 탐구계획을 짜고 하다 보면 제대로 실험도 하기 전에 개학이 코앞에 다가오곤 합니다. 그러면 학생들은 다시 며칠 만에 아니, 한두 시간 만에 탐구보고서를 만들어낼 것입니다. 중학교에서 여름방학은 한 번 있는 것이 아닙니다. 이번에 잘 못했어도 다음에 잘 할 수 있으면 좋지 않겠습니까? 이번에 탐구보고서를 완벽하게 쓰지 못했어도 위대한 발견과 발명의 첫출발인 왜? 어떻게?라는 의문을 품어보았다는 것, 비록 실험에 실패했어도 직접 해본 실험 결과에 대견해하며 감동하는 것만으로도 정말 굉장한 일이라고 생각합니다.

이 책은 서울에 있는 세 학교의 학생들이 쓴 탐구보고서를 엮은 것입니다. 탐구방법이 엉성한 것도 있고, 결과와 결론이 따로 노는 경우도 있습니다. 엉뚱한 생각도 있습니다. 그러나 늘 일상적인 생활의 일부에서 찾아낸 '의문'이 엄청난 발견이나 발명으로 이어질 수도 있지 않을까요?

엮은이 대표 임혁

추천의 글

"의문점을 직접 해결하면서 재미를 느끼는 게 과학이야!"

얼마 전, 미국의 한 중학생이 쓴 과학보고서에 관한 인터넷 신문 기사를 읽은 적이 있습니다. 기사내용을 간단히 소개합니다.

● **놀라운 중학생－패스트푸드점 얼음, 변기 물보다 비위생적**

미국의 한 중학생이 실시한 이색 실험 결과가 놀라움과 충격을 주고 있다. 패스트푸드점에서 제공하는 얼음이 '변기 속의 물' 보다 훨씬 비위생적이라는 결과가 나왔기 때문. 인근의 패스트푸드점들은 바짝 긴장한 상태. (중략)

로버츠는 사우스 플로리다 주 대학교 반경 10km 이내에 위치한 패스트푸드점 다섯 군데에서 얼음을 모았고, 같은 식당 화장실 변기에서 물을 떠왔다고 밝혔다. 변기 물을 모을 때는 변기 물을 한 번 내린 후 위생장갑을 착용한 상태에서 떴다는 것이 로버츠의 설명. 로버츠는 시료를 인근 병원의 암센터로 가지고 가서 박테리아 정밀 분석을 실시했는데, 놀랍게도 얼음의 70%가 변기 물 보다 박테리아가 많은 것으로 나타났다고 언론은 전했다.

－ 출처 : 2006년 2월 15일 팝 뉴스, 김건 기자

이 기사를 읽고, 저는 즉시 인쇄를 해서 코팅을 해두었습니다. 학생들에게 보여주고 싶었기 때문입니다.

패스트푸드에 관한 경각심을 일깨우는 기사의 내용도 내용이었지만, 매년 과학 탐구보고서를 작성하기 위해 탐구주제를 고민하는 학생들이 생각났습니다. 의례적으로 부과되는 과제이건만, 무엇을 주제로 잡고 시작해야할지 모르겠다며 괴로워하는 학생들이 참 많습니다. 그 학생들에게 해주고 싶은 말이 생각났습니다. 정확하게 기억할 수는 없지만, 이런 내용이었을 것입니다.

"과학은 아주 가까이에 있는 의문에서 시작된다. 이 학생은 분명 장난스러운 호기심으로 탐구를 시작했을 것이다. 그리고 그런 생각은 여러분이 해본 의문과도 닮아 있다. 그저 패스트푸드를 먹으며 '이 얼음, 변기 물보다는 깨끗한 거 맞아?' 하고 의심하는 것이다. 물론 이 학생은 그 의심을 탐구로 발전시켰고, 증명하기 위한 절차가 다소 까다로워서 여러분에게는 어렵게 느껴질지도 모르겠다. 하지만 절차가 거창하지 않아도 좋다. 어차피 과학적인 탐구란 호기심을 느낀 데서 이미 시작된 것일 테니까.

너무 어렵게 생각하지 않았으면 좋겠다. 부디 다른 사람의 보고서를 적당히 베껴내지 말고, 자신이 생각해본 일상 속의 의문을 해결해보았으면 좋겠다."

제가 이런 생각을 할 수 있었던 것은 분명 이 책을 읽은 경험이 바탕이 되었을 것입니다. 물론, 제가 학생시절 느꼈던 괴로움도 한 몫 했겠지요. 제가 학생이었을 때도 과학 탐구보고서란 항상 골칫거리였으니까 말입니다.

부끄러운 이야기이지만 몇 년 전만 해도 저는 이런 사소한 호기심에 둔감했습니다. 당시 여름방학이면 부과되는 과제인 과학 탐구보고서를 채점할 때면 '어디에선가 본 듯한' 주제의 보고서는 저도 모르게 낮은 점수를 주고 있었지요.

시간이 흘러 이 책을 읽었을 때 저는 기분이 이상했습니다. 어쩌면 아이들이 써 냈던 많은 보고서들을 그저 흘려보내고 있었던 것일지도 모른다는 생각이 들었습니다. 책을 읽는 내내 '이렇게 간단한 소재로도 보고서를 시작할 수 있다니' 하는 생각이 들었습니다. 하지만 그것 또한 아이디어이며 게다가 기발하기까지 합니다. 이 책은 이런 흥미로운 내용으로 가득합니다.

사실 이 책 속의 중학생들이 써낸 보고서는 제가 알고 있던 그 아이들이 제출했던 보고서와 무척 닮아 있습니다. 어디선가 들어본 이야기, 텔레비전 속에서 보았던 내용을 직접 실험해보고 그 결과를 적어놓은 것입니다.

● 오양은 '케이크를 좋아하는 개미도 고무줄은 넘을 수 없다'는 것을 텔레비전에서 보았다. 오양은 나무줄기도 쉽게 올라가는 개미가 고무줄을 넘을 수 없다는 것은 말이 안 된다고 생각했다. 그래서 실험을 통해 확인해보았다. (중략)

● 조양은 하품을 하면 보고 있던 사람이 따라하면서 전염된다고 들었다. 그렇다면 동물들도 하품을 따라하는지 실험해보았다. (중략)

아주 작은 생활 속의 의문이 담긴 보고서를 읽어 내려가면서 저는 문득 '아, 그래. 과학은 원래 의문점을 직접 해결하면서 재미를 느끼는 거였지!' 하는 생각이 들었습니다. 실제로 과학은 모든 사람들이 알고 있다고 생각하는 것에 의심을 품는 것에서 발달해왔습니다. 그 내용이 대단해 보이지 않는다고 해서 사소하게 지나칠 일은 아닙니다.

저는 예전에 아이들에게 뭔가 새롭고 거창한 보고서를 요구했던 것일지도 모릅니다. 어디에서 본 듯한 이야기를 빼 놓으면 아이들 곁에 과학은 존재하지 않을 것임을 미처 생각하지 못했던 것이지요.

● 임양은 눈을 뜨고 얼마나 있으면 눈물이 나고 충혈될지 실험해보았다. 1분은 지나야 눈물이 나고 충혈될 것으로 예상했는데, 실험 결과 50초를 채 버티지 못하고 "눈 아파"라는 말이 나왔다고 한다.

● 이양은 친구와 이야기하며 걸을 때와 혼자 걸을 때 중에 언제 더 많이 걸려 넘어지는지 알아보기로 했다. (중략)

이렇게 이 책은 아이들이 몸소 자기 몸이나 동생, 친구, 가족과 함께해본 과학실험을 적어놓고 있습니다. 아주 간단하게 실험이나 관찰을 하고, 결과를 기록한 내용입니다. 그 내용은 재미있고 흥미로워서 누구나 쉽게 접근할 수 있습니다. 정말 '요절복통' 웃으며 읽어나갈 수 있을 것입니다. 엉뚱하고 우스운 보고서 속에서 과학의 재미를 발견하겠지요. 과학의 시작이 '호기심'이라는 것을 깨달으며 말입니다.

　매년 탐구보고서로 고민하는 학생들에게 이 책을 권합니다. 또한 과학을 가르치는 모든 선생님들이 이 책을 읽어보셨으면 합니다. 뭔가를 해결해보려는 시도를 통해 과학자의 첫걸음을 내딛은 아이들에게 흐뭇한 미소를 보내실 수 있을 것입니다.

성혜숙(휘경중 교사, 신나는 과학을 만드는 사람들 회원)

차례

1장

햇빛과 물 없이도
선인장은 살 수 있을까?

● 김양은 길을 걷다가 우연히 꽃만 피어 있는 나무와 잎이 먼저 나 있는 나무를 보게 되었다.

김양의 생각으로 나무는 잎이 먼저 난 후에 꽃이 피는 줄만 알고 있었는데 그게 아니라는 걸 알게 되었다.

● 이양은 콜라, 소금물, 수돗물, 정수기 물, 설탕물에 꽃을 꽂으면 어느 꽃이 제일 잘 자라는지 궁금했다. 이양의 친구들은 정수기 물 > 수돗물 > 설탕물 = 소금물 > 콜라순으로 자랄 것 같다고 대답했다.

컵에 콜라, 소금물, 수돗물, 정수기 물, 설탕물을 넣고 장미꽃을 꽂은 다음 관찰했다.

1일째 : 아무런 변화가 없었다.

2일째 : 다른 꽃은 이상 없지만 소금물의 장미꽃은 약간 시들었다.

3일째 : 소금물의 장미꽃은 거의 시들고, 설탕물을 제외한 꽃들은 피기 시작했다. 소금물의 장미꽃은 죽어가고, 콜라에 꽂은 장미꽃은 아주 활짝 폈다.

콜라　　소금물　　수돗물　　정수기물　　설탕

5일째 : 소금물의 장미꽃은 죽었고, 콜라와 수돗물의 꽃은 활
　　　짝 폈다가 곧 시들어갔다.
　설탕물과 정수기 물의 장미꽃은 안정적으로 자랐는데, 이양은
설탕물의 당분이 장미꽃이 잘 자라게 도와주는 것 같다고 생각
했다.

● 윤양은 평소 식물에 관심이 많아 오염된 물과 햇빛이 식물에
어떤 영향을 미치는지 알고 싶었다. 그래서 동일한 크기의 당근
3개 중 하나는 정수된 물에, 하나는 오염된 가정 폐수에, 나머지
하나는 깨끗한 물이지만 검정 비닐봉지를 씌워 햇빛을 받지 못
하게 했다. 그리고 약 2주간 3개의 당근을 관찰했다.

정수기 물　　　썩은 물 (오염폐수)　　　비닐봉지

첫날 모두 약간 싹이 있는 당근으로 실험을 시작했다. 2일이
지나자 정수된 물의 당근은 싹이 2cm 자라 있었고, 폐수에 담가

두었던 당근은 싹이 거의 없었다. 어두운 곳에 둔 당근은 싹이 두껍게 자라 있었다. 7일이 지나자 정수된 물의 당근은 싹이 6cm정도 자라 있었고 폐수에 담가두었던 당근은 완전히 썩어 있었으며, 또 어두운 곳에 두었던 당근은 싹이 난 부분이 썩어 악취가 났다.

김양은 이 실험으로 자라는 채소에는 깨끗한 물과 햇빛이 절대적으로 필요하다는 것을 알았다. 실험 후 썩은 당근을 처리하느라고 짜증났지만 한편으로는 재미있었다고 한다.

● 송양은 항균능력이 뛰어나다는 마늘을 가지고 여름철 쉽게 발생하는 곰팡이를 이용해 마늘의 효능을 알아보았다.

다진마늘 + 마늘즙

곰팡이 = 온도 + 습도

식빵 2개 중 하나에는 다진 마늘과 마늘즙을 묻히고, 나머지 하나는 그냥 둔 다음 2시간마다 물을 뿌리고 따뜻하게 해주었다.

관찰 결과 4일째까지는 둘 다 변화가 없었지만, 5일째가 되자 다진 마늘을 바른 식빵에는 변화가 없었지만 그냥 둔 식빵에는 누룩곰팡이와 검정색 곰팡이가 발견되었다. 마지막 6일째에는 마늘 식빵에도 옆면에 누룩곰팡이가 조금 생겼지만, 그냥 둔 식빵은 누룩곰팡이와 검정색 곰팡이가 식빵을 뒤덮었다.

마늘을 바른 식빵은 보통 식빵보다 곰팡이가 아주 더디게 번식했다. 그리고 송양이 지켜본 결과, 곰팡이는 온도와 습도가 높은 곳에서 잘 번식했다고 한다.

● 김양은 흙의 종류에 따른 식물의 성장 과정을 실험하기 위해 모래, 황토, 거름을 준 세 가지 종류의 흙에 강낭콩을 심고 약 15일 정도 관찰했는데, 흙의 종류에 따라서 성장 과정 또한 차이난다는 것을 알게 되었다. 모래를 뺀 나머지 흙들에서 강낭콩이 더 잘 자랐다. 김양은 그리고 좋은 흙은 식물이 잘 자라게 할 수 있게 도와주는 방법 중 하나인 것을 알게 되었다.

● 이양이 실험한 결과에 따르면, 수돗물로 키운 대나무는 컵 일부분에 이끼가 끼고, 줄기가 하나로만 자랐으나 컵에 동전을 넣고 키운 대나무는 줄기가 무성하고 싱싱하게 자랐다고 한다. 또, 이끼도 끼지 않았다고 한다.

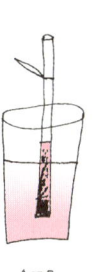

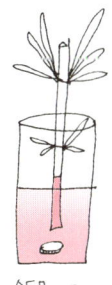

수돗물　　　　수돗물 + 동전

● 이양은 접시 3개에 정수, 알칼리수, 산성수를 넣고 콩을 키워 보았다. 처음에는 정수를 준 콩이 잘 자랐지만 시간이 지나면서

정수를 준 콩보다 알칼리수를 준 콩과 산성수를 준 콩이 더 잘 자랐다. 그러나 크기를 비교해보면 알칼리수를 준 콩이 더 잘 자랐기 때문에 식물에 좋은 물은 알칼리수임을 알 수 있었다.

정수   알칼리수   산성수

● 우양은 엄마 생신에 아빠가 선물한 장미꽃을 보고 장미꽃은 어떤 음료수에서 담가두면 오래갈지 궁금했다. 그래서 장미꽃 다섯 송이를 콜라, 사이다, 포카리스웨트, 우유, 물에 넣고 관찰해보았다.

그 결과, 콜라에 넣은 장미꽃의 꽃잎은 끝이 초록색으로 변해 있었다. 사이다에 넣은 장미는 물보다 더 오래갔다. 포카리스웨트에 넣은 장미꽃은 조금 시들해졌지만 오래갔다. 우유에 넣은 장미꽃은 빨리 시들었다. 물에 넣은 장미꽃은 우유보다 천천히 시들었다.

● 최양은 담배 연기가 식물의 생장에 어떠한 영향을 주는 알아보았다.

최양은 스파트 필름을 심은 화분 3개 중 하나는 평소처럼 키우고, 또 하나는 담배 한 개에 불을 붙여 연기를 피웠다. 나머지 하나는 담배 2개에 불을 붙여 연기를 피웠다. 담배 연기가 다른

곳으로 가지 않도록 비닐로 씌워 놓았다.

실험 둘째 날, 담배 2개의 연기에 노출된 스파트 필름의 6, 7 장의 잎에 검은 반점이 생겼다.

실험 일곱째 날, 담배 한 개의 연기에 노출된 스파트 필름 잎의 4분의 1 정도에 검은 반점이 생겼고, 2장은 많이 상했다. 그러나 담배 2개의 연기에 노출된 스파트 필름은 거의 죽어 있었다.

● 이양은 가족과 함께 시골에 갔는데 공기가 좋다는 것을 금방 알 수 있었다. 이렇게 공기가 다르면 식물의 성장도 다를 것이라 는 생각이 들었다. 그래서 이양은 담배 연기와 모기향을 이용해 확인해보기로 했다.

페트 병의 밑동을 자르고 구멍을 낸 후 사철나무 화분을 페트 병 안에 넣었다. 2개의 페트 병에 각각 담배 연기와 모기향을 피 우고 다른 하나는 그냥 두었다. 그리고 2주 동안 관찰했다. 담배

연기를 피운 사철나무는 1cm가 자랐지만, 잎사귀가 누렇게 말
라 떨어진 것이 많았다. 모기향을
피운 것도 1cm가 자랐지만,
담배 연기를 피운 것과 비슷
한 현상이 나타났다. 하지만
그 정도는 덜했다. 평소처럼
키운 화분은 1.25cm 자랐고
잎사귀 모두 멀쩡했다.

● 황양은 선인장이 햇빛과 물 없이 견딜 수 있는지 검은 비닐봉
지를 씌우고 일주일 동안 관찰했다. 선인장은 햇빛과 물 없이도
일주일을 잘 견뎌냈다. 그러나 가시가 갈대만큼은 아니어도 아
래로 고개를 숙였고, 찔러보아도 아프지 않았다. 비록 선인장이
사람처럼 핼쑥해지지는 않았지만 찔린 듯 몸에
구멍이 숭숭 생겼다.

● 조양은 물을 넣은 양파와 넣지 않은 양파 중 어느 것이 더 빨리 썩을지 실험해보았다.

양파 2개의 껍질을 벗긴 후 숟가락으로 속을 파냈다. 한 양파에는 물을 넣고, 다른 양파에는 넣지 않았다.

물을 넣은 양파는 물이 서서히 사라지면서 양파 옆이 썩기 시작했다. 물을 넣지 않은 양파는 속이 말라가면서 양파 옆이 더 심하게 썩기 시작했고, 만져보니 물컹물컹했다. 양파 썩는 냄새가 장난이 아니었다고 한다.

● 조양은 꽃집을 지날 때 보면 어떤 식물은 물에서 키우고, 어떤 식물은 흙에서 키우는 것을 보고 한 가지 의문이 떠올랐다. '식물의 성장 속도가 심은 장소에 따라 달라질 수 있을까?' 였다.

조양은 양파 2개를 준비한 후 하나는 물이 든 컵에 올려놓고, 다른 하나는 화분에 심었다. 햇볕이 잘 드는 창가에 두고, 20일을 지켜보았다. 흙에 심은 양파의 뿌리는 약 2.5cm 자랐고, 물에서 키운 양파의 뿌리는 약 6cm 자랐다.

▶ 담배가 식물에 해로운 이유는?

담배에는 니코틴·노르니코틴·질소·단백질·당·회분·에테르추출물 등이 있다. 노르니코틴 함량이 높아지면 독한 담배로 취급된다. 에테르추출물과 향미와는 밀접한 관계가 있다고 한다. 근래의 추세에 의하면 이들 내용성분의 기준량을 정해놓고 그 안에 드는 것을 좋은 품종으로 보는데, 이들 각각의 성분량보다는 이들 내용성분간의 균형이 중요하다. 내용성분은 품종, 잎의 위치, 등급에 따라 차이가 있다. 담배에 들어 있는 니코틴·노르니코틴·단백질 따위의 질소함유물은 그 자체의 해독보다 연소할 때 만들어지는 질소화합물과 탄화수소물에 의한 해독이 더 크다. 이들 물질 중에는 발암물질로 여겨지는 것들이 포함되어 있으며, 또 연기 속에는 소량의 일산화탄소와 시안(CN)이 포함되어 있어 유독하다. 특히 일산화탄소는 헤모글로빈과 결합하는 친화력이 산소보다 230배나 크고 일단 결합하면 쉽게 해리되지 않아, 각 조직으로 산소를 운반하는 기능이 둔화되는 결과를 초래한다.

▶ 선인장이 살아가는 조건은?

선인장은 대개 잎이 없는 다육질의 큰 줄기가 특징인 꽃피는 식물이다. 이들은 건조한 지방에 잘 적응하여 자라며, 대부분 아메리카 대륙이 원산지다. 땅 위에서 자라는 선인장들은 유기물이 포함

되지 않고 적당히 물이 빠지는 토양을 가장 좋아하지만 다른 상태의 토양에서도 자랄 수 있다. 많은 선인장들이 매우 건조한 지역에서도 살아남지만 성장기에는 물이 있어야 한다. 화분에 심는 선인장의 경우, 완전히 마르도록 놓아두면 생기가 떨어지지만 반대로 물을 너무 많이 주면 죽는다.

▶ 마늘의 대단한 효능은?

마늘에는 알린이라는 물질이 들어 있는데, 이 성분은 마늘을 자르거나 빻을 때 세포가 파괴되면서 매운맛과 자극적인 냄새가 나는 알리신이라는 물질로 변한다. 이렇게 생긴 알리신은 강한 살균·항균작용을 하며 탄수화물이나 단백질과 결합해 그 약효를 높이는 작용을 한다. 또한 알리신은 혈액순환을 원활하게 하고 소화를 도우며, 인슐린의 분비를 도와 당뇨병에도 좋은 물질이다. 그러나 마늘을 익힐 경우 독특한 냄새가 없어지면서 알리신도 위와 같은 효과가 사라지게 된다.

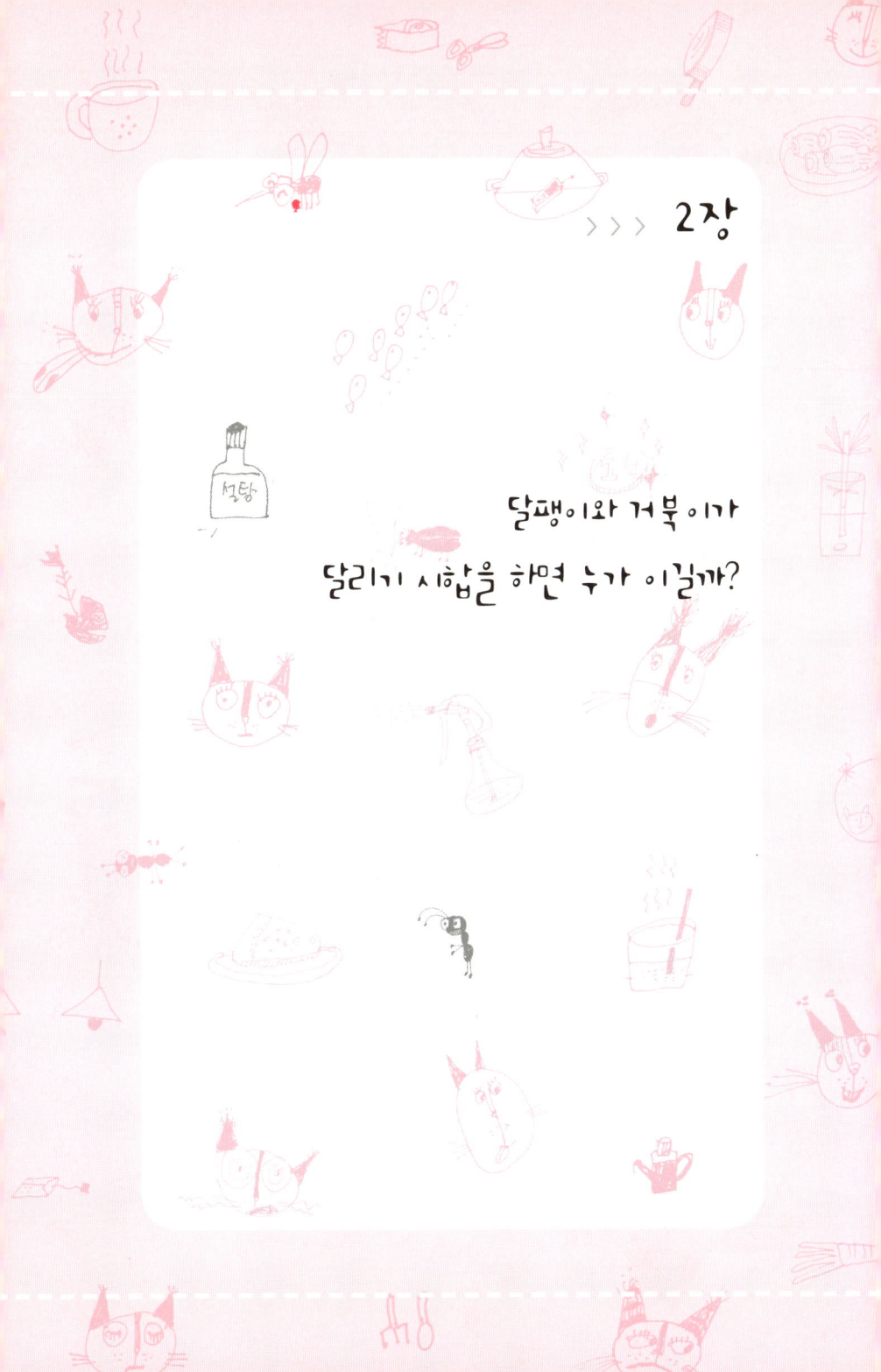

> > > **2장**

달팽이와 거북이가
달리기 시합을 하면 누가 이길까?

● 유양은 강아지도 눈물을
흘리는지 궁금해서 실험해
보았다.

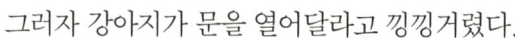

우선 베란다에 강아지를
가두고 문 앞에 서 있었다.

그러자 강아지가 문을 열어달라고 낑낑거렸다.

그때 강아지 눈을 자세히 들여다 보았는데 눈물이 고여 있었다.

유양은 우연인지 슬퍼서인지 모르겠지만 강아지들도 눈물을
흘린다는 것을 알았다.

● 진양은 고양이를 키우고 있는
친구네 집에 가서 잠을 자기
로 했던 날, 저녁에 거실에
서 빛나는 물질을 보았다.
아침에 보니 그것은 고양이

의 오줌이었다. 고양이의 오줌은 야광이다.

● 권양은 옆집 강아지에게 사료와 소시
지, 상추, 참치 네 가지 음식을 한꺼번에
주고 반응을 살펴보았다. 강아지는 냄새

를 맡아보더니 소시지를 제일 먼저 먹었다.

● 강양은 강아지도 코를 고는지 밤
에 관찰해보았더니 코를 골았다.

● 박양의 이 실험은 어느 도둑고양이가 협조해주었다.
　도둑도양이가 도망치려 할 때 "야!" 하고 두 번 불렀더니 뒤돌
아보았다.
　박양은 다시 도망치려는 고양이를 향해 발로 땅을 "쿵쿵" 두
드렸더니 쳐다보기는커녕 오히려 더 도망치려고 했다.
　마지막으로 고양이 목소리로 "야옹" 하고 불러보았다.

　그런데 한 번만 불렀을 뿐인데 고양이는 무섭도록 빨리 뒤돌
아보았다. 실험을 정확히 하기 위해 박양은 한 번 더 불러보았
다. 도둑고양이는 이번에도 한 번 만에 뒤돌아보았다.

● 조양은 하품을 하면 보고 있던 사람이 따라
하면서 전염된다고 들었다.

그렇다면 동물들도 하품을 따라
하는지 실험해보았다.

조양은 친구네 강아지를 앞에 놓고
하품이 나오는 순간에 강아지 얼굴
을 잡고 하품을 했다.

그랬더니 잠시 후 강아지가 하품을 따라했다.

다시 실험해봐도 결과가 똑같았다. 조양은 역시 동물들도 하
품을 따라한다는 걸 알았다.

● 문양은 고양이 꼬리에 방울을 달면 어떻게
될지 시도해보았다. 고양이를 키우지 않는
관계로 이웃집 아줌마 댁에서 실험을 했다.

고양이 꼬리에 예쁜 빨간색 리본 방울
을 달아주었고, 그 방울은 흔들 때마다
소리가 났다.

그러자 고양이는 꼬리에 매달린 방울을 잡
을 것처럼 꼬리를 향해 빙글빙글 돌아댔다.
그 모습이 너무 웃겼다. 계속 한 방향으로만 돌았다.

지켜보던 문양도 어지러워 방울을 빼자 그제서야 고양이는 안
정을 찾은 듯이 차분해졌다.

● 최양은 사람의 변에는 가스가 들어 있어서 불을 붙이면 아주 잘 탄다고 들었다. 그렇다면 강아지의 변에 불을 붙이면 얼마나 빨리 불이 붙는지 실험해보았다.

최양은 집에서 키우는 강아지 또또 양의 변을 빈 상자에 넣어 두고, 비닐장갑을 이용해 변을 잡은 뒤 불을 붙였다.

그런데 강아지의 변은 금방 불이 붙지 않았다.

사람의 변은 불이 잘 붙는다고 하는데 강아지 변에는 불이 빨리 붙지 않고 시간이 걸렸다.

● 이양은 학원에서 공부하는데 갑자기 이름 모를 벌레가 교실로 들어왔다. 이양 옆에 앉아 있던 친구가 그 곤충을 잡았다.

초록색 액체

곤충은 납작해졌고, 거기에서 초록색 액체가 나왔다.

● 민양은 고모네 집에 갔다가 이상한 광경을 목격했다. 물엿을 담아둔 통 입구에 고무줄이 감겨 있었다. 그래서 그걸 빼려고 했더니 고모가 개미가 생기지 말라고 해둔 것이라며 그냥 놔두라고 하셨다.

민양은 개미가 고무를 싫어한다고 생각했다.

● 손양은 하루살이를 관찰해보았다. 관찰 결과, 하루살이는 다른 곤충들과는 달리 한 장소에 오랫동안 붙어 있는다는 걸 알 수 있었다. 심지어 불을 끄거나, 곁에서 시끄러운 소리를 내도 움직이지 않고 계속 붙어 있었다.

● 박양은 동생이 키우는 장수풍뎅이를 보고 장수풍뎅이가 매달릴 수 있는 물건의 종류와 장수풍뎅이가 날기 위한 조건을 알아보았다.

1. 집에서 키우는 장수풍뎅이의 크기는 수컷 6cm, 암컷 4.5cm이다.

2. 장수풍뎅이를 관찰한 결과,

　　1) 날개가 달려서 날 수 있고, 수컷은 뿔이 달려 있으며 암컷보다 광택이 강하다. 암컷은 수컷보다 털이 많이 분포되어 있다.

　　2) 먹이는 꼭 나무진이 아니어도 되며 젤리를 먹여도 된다.

　　3) 야행성이어서 밤에 엄청 시끄럽다.

　　4) 암컷은 주로 땅속에서 생활하고 수컷은 주로 나무나 사육장 통에 매달려 있다.

　　5) 다리에 털이 많아서 옷에 붙으면 떼어내기 힘들다.

　　6) 암컷은 뿔이 없는 대신 머리에 3개의 돌기가 있다.

　　7) 앞가슴 등판에 세로로 홈이 있으며, 보기보다 두껍고 뚱뚱하다. 또한 몸집에 비해 다리가 얇아 보인다.

3. 장수풍뎅이가 잘 매달리는 물체는 어느 것일까?

인형, 지우개, 리코더 상자에는 잘 매달려 있었지만 볼펜, 자, 풀, 플라스틱 장난감에는 매달리지 못했다.

이것으로 보아 미끄럽거나, 너무 얇거나, 면적이 너무 넓으면 잘 매달리지 못하고, 장수풍뎅이의 다리를 걸칠 장소가 없는 물체에도 잘 매달리지 못한다는 것을 알 수 있었다.

　4. 장수풍뎅이가 날기 위한 조건

　장수풍뎅이는 바람이 없으면 잘 날지 못했고, 선풍기나 부채로 바람을 불어줘야 날 수 있었다.

● 이양은 드라이어를 파리에 대면 파리가 날지 못하고 가만히 있는 것을 텔레비전에서 보고 직접 실험해보기로 했다. 건전지로 충전되는 작은 드라이어를 준비하고, 파리 세 마리를 향해 대어보았다. 드라이어를 온풍으로 맞추어놓고 댔을 때에는 파리가 날아가버렸지만 찬바람으로 맞추어놓고 해보니 신기하게도 파리가 날아가지 않았다.

실험이 끝난 다음 이양은 파리들을 청소기로 빨아들이고 흡입구에 에프킬라를 뿌렸는데, 죽었는지는 잘 모르겠다고 한다.

　이양은 다른 방법으로 잡은 파리들을 전자레인지 속에 넣고 돌려보았는데, 네 마리의 파리 중 세 마리가 2분을 버텼지만 3분이 지나자 모두 죽어버렸

다. 보통 파리들이 5분 정도는 버틴다고 하는데 이양은 자기네 집 파리들이 굼뜬 건지 전자레인지가 강해서 그런 건지 알 수 없었다고 한다.

● 최양은 과일을 먹고 나면 며칠 만에 초파리가 생기는지 궁금
해서 과일 껍질을 컵에 넣고 랩으로 씌워 놓았다.

하루가 지나자 곰팡이가 피었고, 3일이 지나자 곰팡이가 검푸른
색으로 변했다. 하지만 초파리는 생기지 않았다. 최양은 초파리
는 과일이나 음식물 쓰레기에서 생기는 것이 아니라 외부에서
날아오는 것이라는 걸 알았다.

● 오양의 집에는 개미가 많다. 오양은 개미를 보다가 순간 개미
는 어떤 음식을 더 좋아하는지 궁금해졌다.

우선 개미 다섯 마리를 잡아 상자에 넣은 후 포도, 바나나, 빵 세
가지 음식을 조금씩 넣어주었다. 포도는 껍질을 벗겨서 넣어주
었다.

껍질

　　　　두 마리의 개미가 포도를 먹었지만 죽었고, 바
나나로 세 마리 개미가 이동했지만 한 마리는 죽고, 한 마리는
빵으로 옮겨갔다. 나머지 한 마리는 아무데도 가지 않았다.

　오양은 포도로 간 개미가 죽은 것은 즙에 빠져서 일거라고 생
각했다. 왜냐하면 개미는 달콤한 것을 좋아하니까.

● 김양은 여름 밤만 되면 모기에
많이 물리자, 모기는 어떤 성분에
더 끌리는지 궁금해서 맹물, 설
탕물, 소금물을 팔과 다리에 바
르고 잠을 잤다.
다음 날 확인해보니 소금물을 바
른 곳은 세 방, 설탕물을 바른
곳은 두 방을 물렸다. 맹물을 바른
곳은 물리지 않았다고 한다.

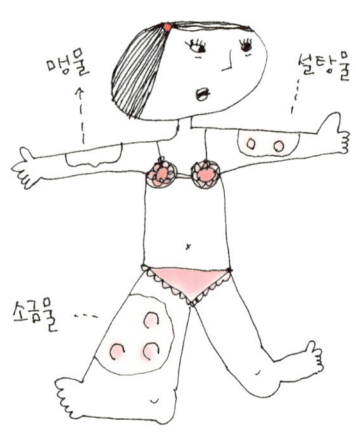

● 오양은 '케이크를 좋아하는 개미도 고무줄은 넘을 수 없다'
는 것을 텔레비전에서 보았다. 오양은 나무줄기도 쉽게 올라가
는 개미가 고무줄을 넘을 수 없다는 것은 말이 안 된다고 생각했
다. 그래서 실험을 통해 확인해보았다.
　오양은 개미가 좋아하는 단 음식을 놓아두고 개
미가 모여들자 개미를 핀셋으로 잡은 후 종이 위
에 놓아둔 고무밴드 안에 놓아주었다. 고무밴드
옆에는 단 음식을 놓아두
었다. 개미는 고무
밴드를 넘지 못하고
계속 안에서만 맴돌았
다.

● 정양은 과일을 먹고 과일 껍질을 쓰레기통에 버렸는데, 한참 후에 보니 초파리가 꼬여 있었다. 정양은 어떤 과일에 초파리가 제일 많이 꼬일지 궁금했다. 그래서 토마토, 포도, 복숭아, 자두, 참외를 준비하여 어느 과일에 초파리가 제일 많이 꼬이는지 관찰했는데, 포도에 제일 많이 꼬였다.

● 윤양이 듣기로 개미들은 한 마리가 페로몬을 내뿜으면 모든 개미들이 그 감정과 같아진다고 들었다.

윤양은 그렇다면 사람들도 개미처럼 페로몬을 내뿜는 것이 아닐까? 하는 생각이 들었다. 왜냐하면 다른 사람이 울고 있는 것을 보면, 그 장면을 본 사람도 같이 기분이 우울해지기 때문이다.

● 김양은 개미가 싫어하는 조건을 알고 싶어 여러 가지 실험을 해보았다.

고무밴드 속에 개미를 놓아두고 지켜보았는데, 개미는 고무밴드를 넘어가지 못했다. 그리고 개미를 물속에 넣고 얼마나 헤엄치는지 보았더니 헤엄을 치긴 하지만 13분이 지나자 몸을 움직이지 못했다.

이번엔 다섯 마리의 개미를 햇빛이 비추는 곳과 냉장실에 각

각 두었다. 햇빛이 비추는 곳에 놓아둔 개미가 더 힘들어하며,
잘 기어다니지 못했다.

● 김양은 어항 속 물고기들의 눈을 관찰해보았다. 마치 그려 놓은 것처럼 엉성해 보였다. 눈을 깜빡거리지도 않았다. 신기하게 1분 동안 한 번도.

눈이 옆에 달려 있어 앞을 못 볼 것 같았는데, 물고기의 앞에 물체를 보이자 얼른 발견하고는 반응을 보였다.

● 전양의 아빠는 집에 있는 금붕어에게 밥을 줄 때마다 항상 어항 윗부분을 두드리신다.

전양은 "아빠, 왜 어항을 두드리시는 거에요?" 하고 물어보았더니 밥을 줄 때는 이렇게 해야 금붕어들이 밥을 주는지 안다고 대답해주셨다.

전양은 금붕어들이 어떻게 밥을 먹으라고 두드리는 거라는 걸 알게 되었을까 해서 밥을 주면서 어항 윗부분을 두드릴 때와 두드리지 않을 때를 비교해보니, 두드릴 때가 더 많은 금붕

어들이 몰려들었다. 그리고 밥을 주지 않고 어항 윗부분만 두드려보기도 했는데, 그때도 금붕어들이 몰려들었다.

● 정양은 열대어를 키우고 있는데, 열대어가 수돗물과 생수 중 어떤 물에서 더 오래 사는지 실험해보았다. 실험 결과, 수돗물에 담아두었던 열대어는 죽었지만, 생수에 담아두었던 열대어는 죽지 않았다.

정양의 생각으로는 수돗물이 사람한테는 해롭지 않지만, 작은 열대어에게는 수돗물에 들어간 약품성분 때문에 해로움을 주는 것 같았다고 한다.

수돗물

생수

● 심양은 광고에서 찌든 때도 '쏙' 빠진다며 자랑하는 세제들이 수질을 얼마나 오염시키는지 알아보았다.

물 1.5l를 담은 어항 4개에 1g의 재생비누, 중성세제, 주방세제, 합성세제를 풀어 넣은 다음 각각 물고기 한 마리씩 넣고 관찰했다.

그 결과, 재생비누의 물고기는 30분이 지나자 밑으로 내려가려고 했고, 5분이 더 지나자 몸이 옆으로 기울어졌다. 그리고 1시간이 지나자 아주 힘겹게 숨을 쉬다가 1시간 30분쯤 죽었다.

중성세제의 물고기는 20분이 지났을 때 기절한 것처럼 잘 움직이지 않았고 30분이 지나자 몸이 옆으로 누워졌으며, 1시간 20분에 죽었다.

주방세제의 물고기는 20분이 지나자 아래로 가라앉았고, 30분이 지나자 움직임이 거의 없다가 55분이 지났을 무렵 죽었다.

합성세제의 물고기는 10분 후 죽은 듯이 물 위로 몸이 떴으며, 20분이 지나자 몸이 뒤집혔지만 살아 있었다. 그렇게 30분이 지나자 겨우 숨만 쉬다가 50분에 죽었다.

심양의 실험 결과, 물고기는 거품을 아주 싫어해서 거품이 일 때에는 거품을 피해 아래로 내려가 있었다고 한다. 특히 주방세제에 넣은 물고기는 위로 올라오지 않고 밑에만 있었다고 한다.

심양은 수질오염을 막기 위해서는 재생비누가 좋은 편이며, 물속의 생물을 위해서도 재생비누가 좋다는 것을 알았다.

또 오늘 실험으로 죽은 물고기에게 무척 미안하고 가슴이 아팠다고 한다.

● 박양은 금붕어가 소금물에서 오래 살지 설탕물에서 오래 살지 실험해보았다. 소금물에 금붕어를 넣자마자 지느러미가 하늘로 향하면서, 30분 만에 죽었다. 그러나 설탕물에 들어간 금붕어는 계속 살아 있었다.

● 김양은 지렁이를 소금물, 식초, 알코올, 설탕물, 맹물에 각각 넣고 얼마나 살 수 있는지 살펴보았다.

지렁이는 소금물에서 5분, 식초에서 1분, 알코올에서 10초 후

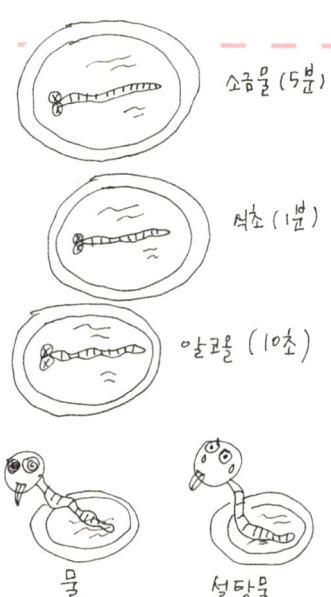

에 죽었다. 설탕물에 넣은 지렁이는 죽지 않았다. 하지만 10분이 지나자 축 늘어져 기운이 없어 보였다. 물에 넣은 지렁이도 설탕물에 넣은 지렁이처럼 기운이 없어 보였다. 지렁이는 접시 밖으로 나오려고 했다. 김양이 살짝 건드려보았더니 기절한 것처럼 보였다. 그러더니 지렁이는 계속 고개를 들며 산소를 마셨다.

● 이양은 느린 동물에 속하는 달팽이와 거북이 중 어떤 동물이
더 느린지 실험해보았다.
그 결과, 거북이가 달팽이보다 빨랐다.

● 최양은 뱀은 앞으로 기어가는 습성 때문에 후진을 못한다는 걸 알고, 뱀과 비슷하게 생긴 지렁이는 후진할 수 있는지 실험해 보았다.
지름이 2.5cm 되는 투명한 튜브 통에 지렁이를 앞쪽이 막힌

쪽으로 넣었다. 그리고 뒤쪽에는 구멍을 뚫어 놓았다.

  그렇게 몇 시간이 지나자 지렁이는 서서히 움직이기 시작하더니 막힌 쪽으로 나가려고 했다.

  하지만 잠시 후 지렁이는 구멍이 뚫린 뒤쪽을 기어서 아주 손쉽게 후진하면서 빠져나왔다.

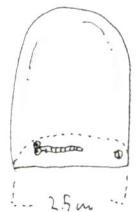

자유다

2.5㎝

● 김양의 햄스터는 먹이를 주면 씹지 않고 그냥 삼켜버린다. 김양은 신기해서 햄스터를 관찰해보았더니, 햄스터는 집으로 들어가 먹이를 토해내는 것이었다. 햄스터가 먹이를 토해놓는 이유를 알기 위해 관찰해보기로 했다.

  우선 햄스터 집을 투명한 집으로 바꾸고 먹이를 주었다. 햄스터는 또 먹이를 그냥 삼킨 후 집에 들어가 토해놓았다. 그 뒤로 먹이를 주지 않고 지켜보았다.

  그랬더니 햄스터 집에 쌓여 있던 먹이가 차츰 줄어드는 것이었다.

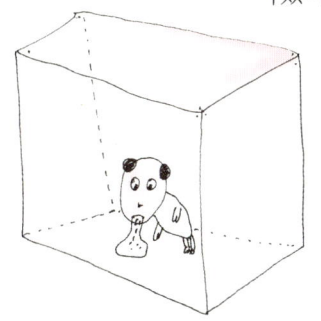

김양은 햄스터는 자기가 배부른 만큼만 먹고 남은 먹이는 저장해놓는다는 것을 알았다. 또 햄스터는 먹이를 저장하기 위해 볼이 볼록해진다는 것도 알았다. 햄스터는 먹이를 삼켰다가 토해내는 것이 아니라, 볼 안에다 두었다가 뱉어내는 것이었다.

● 유양은 금붕어의 기억력이 정말 3초인지 확인하기 위해 실험해보았다.

실험대상으로 유양은 자신의 집에서 키우는 금붕어 두 마리를 선택했다.

유양은 어항으로 가서 금붕어 한 마리를 손가락 끝으로 계속 따라오게 한 다음 마음속으로 '하나 둘 셋' 하고 세었더니 금붕어는 다시 돌아가버렸다.

유양은 금붕어의 기억력이 3초인지는 모르겠지만 인내심이 3초인 것은 확실하다고 생각했다.

● 오양은 물고기가 사람을 알아보는지 어항의 물고기로 실험해보기로 했다.

어항 근처로 오양의 할아버지가 다가가니 물고기들이 할아버지를 쫓아다녔다. 오양도 어항에 가까이 다가가 보았는데, 물고기들이 외면한 채 쳐다보지도 않았다.

오양은 기분이 좀 나빴지만 먹이통을 들고 다시 다가가니 물고기들이 따라왔다.

▶ **개미가 고무밴드를 넘어가지 못하는 이유?**

개미가 고무밴드를 넘어가지 못하는 이유는 고무줄에 개미가 싫어하는 유황, 가황 촉진제, 페놀, 아민류 등이 들어 있기 때문이다. 볼펜으로 선을 그어 놓아도 같은 현상이 나타난다. 타이어, 인조가죽도 개미가 싫어하는 성분이 포함되어 있어 개미가 넘지 못한다.

▶ **개미의 생활은 어떨까?**

개미의 생활은 알에서부터 시작된다. 부화된 유충은 다리가 없고, 이동할 능력도 없으므로 보통 일개미가 입으로 물어서 개미집의 환경 변화에 따라 적당한 곳으로 이동시키고 먹이도 먹여준다. 3회 탈피하여 다 자라면 종류에 따라 고치를 만드는 것도 있다. 개미 사회는 벌과 마찬가지로 여왕개미·수개미·일개미로 구분된다. 일개미는 식량을 모으는 일, 사냥하는 일, 기르는 일을 담당하고, 여왕개미는 산란을 한다. 어떤 개미들은 개미집에 곰팡이 재배장을 가지고 복잡한 농업을 하고 있으며, 군대개미류들은 진딧물을 포식곤충으로부터 보호해주는 대신 감로라고 불리는 달콤한 진딧물의 분비물을 제공받는다. 그러나 이러한 행동은 지능적인 행동이라 볼 수 없으며 복잡하고 체계적인 연쇄반사로 해석된다. 개미는 농토의 황폐화를 막아주는 한편, 가옥이나 선박 등에 침범해서 목재나 식료품 등에 해를 주기도 한다.

▶ 열대어는 어떤 물에서 살아야 할까?

담수는 우물물·수돗물 중의 어느 것이라도 좋지만, 후자는 미리 반나절 이상 직사광에 쬐었다가 웃물만을 사용하거나 티오황산나트륨(하이포)을 물 10에 대하여 콩알 크기만큼의 양을 녹여서 넣고 수돗물에 함유된 염소를 중화시킨 후 사용한다. 해수는 천연해수라면 문제없지만 인공해수는 가게에서 파는 인조해수제 또는 분말을 사용하되 지정된 대로 녹이고 반드시 비중계로 농도를 확인해야 한다.

▶ 지렁이가 우리에게 미치는 영향은?

우리말로는 '디룡이'가 흔히 쓰였고, 지룡이·지릉이라고도 했다. 흙 속이나 호수·하천·동굴 등에 널리 분포하며, 바다에서 사는 것도 있다. 전 세계에 약 3,100여 종이 알려져 있으며, 우리 나라에는 60종 내외가 알려져 있다. 몸은 양끝으로 가면서 가늘어지며, 꼬리 쪽이 더 무디다. 지렁이는 보거나 들을 수 없으나 빛과 진동에 민감하다. 그들의 먹이는 부패한 생물체다. 그러나 지렁이는 음식물을 먹을 때 많은 양의 흙, 모래, 작은 자갈들도 함께 섭취하는데 매일 음식과 흙을 그 자신의 무게만큼 먹고 내보내는 것으로 추정된다.

보통은 토양의 표면에서 살지만 건조한 시기나 겨울에는 2m 정도의 깊이로 굴을 파는 것으로 알려져 있다. 한 아시아 종은 폭우 후에 익사를 피하기 위해 나무 위로 기어 올라가는 것으로 알려져 있다. 지렁이는 많은 새와 동물의 먹이원이다. 또한 식물성장을 도움으로써 간접적으로 인간의 생활에 영향을 준다. 그들은 토양에 공기를 유통시키며, 배수를 촉진하고, 유기물질을 그들의 굴에 넣어 보다 빠르게 분해시켜 영양이 풍부한 물질을 식물에게 제공한다.

▶ 하품을 하는 이유는 무엇일까?

입을 크게 벌려 길고 깊게 숨을 들이마신 뒤 천천히 내뱉는 특이한 호흡 운동인 하품은 사람뿐 아니라 동물들도 한다. 뇌의 특정부위에 전기 자극을 주어도 일으킬 수 있다. 하품이 일어나는 원인은 뇌에 산소가 부족하거나 피로, 기능 이상 때문에 하는 것으로 추측한다. 그러나 현재까지 하품을 일으키는 정확한 원인이나 관련된 신경회로, 그리고 하품이 지니는 생리적 의미는 충분히 밝혀지지 않은 상태다.

▶ 고양이를 길들이기 시작한 최초의 기원은?

고양이 길들이기에 대한 최초의 믿을 만한 기록은 BC 1500년경 고대 이집트의 것이다. 그러나 이 나라에서는 이미 그보다 1,000년 전부터 공공연하게 고양이를 신성시해왔다. 실제로 고양이를 길들인 것은 아마도 고양이가 쥐와 같은 설치류로부터 곡식 창고를 지켜준다는 것을 이집트 인이 알게 된 때부터였을 것이다. 이집트 인은 고양이의 머리를 한 여신(Bast)에게 경배했으며, 수천 마리의 고양이 미라가 발견되기도 했다.

고양이는 다른 문화권에도 퍼져, BC 500년경에는 그리스와 중국에 흔하게 되었고, 인도에는 BC 100년경에 알려졌다. 영국에서 고양이에 대한 최초의 기록은 고양이 보호에 대한 법률이 웨일스에서 통과된 936년으로 거슬러올라간다. 18세기 중반에는 미국에도 고양이가 있었다.

▶ 공공의 적-모기 퇴치하는 법은?

모기는 사람들이 호흡할 때 발생하는 이산화탄소나 체취, 체온, 습기를 탐지하여 어두운 밤에도 손쉽게 피를 빨 수 있다. 모기에 잘 물리는 사람들은 주로 뚱뚱하고 땀을 많이 흘리는 사람들로 보통 몸집이 크고 뚱뚱한 사람들은 대사 작용이 활발해 몸에 열이 많고, 땀이 많아 모기가 멀리서도 찾을 수 있으며, 비누나 향수냄새도 모기를 유인하게 하므로 모기에 물리고 싶지 않다면 향이 약한 비누로 깨끗이 씻는 것이 최선이다.

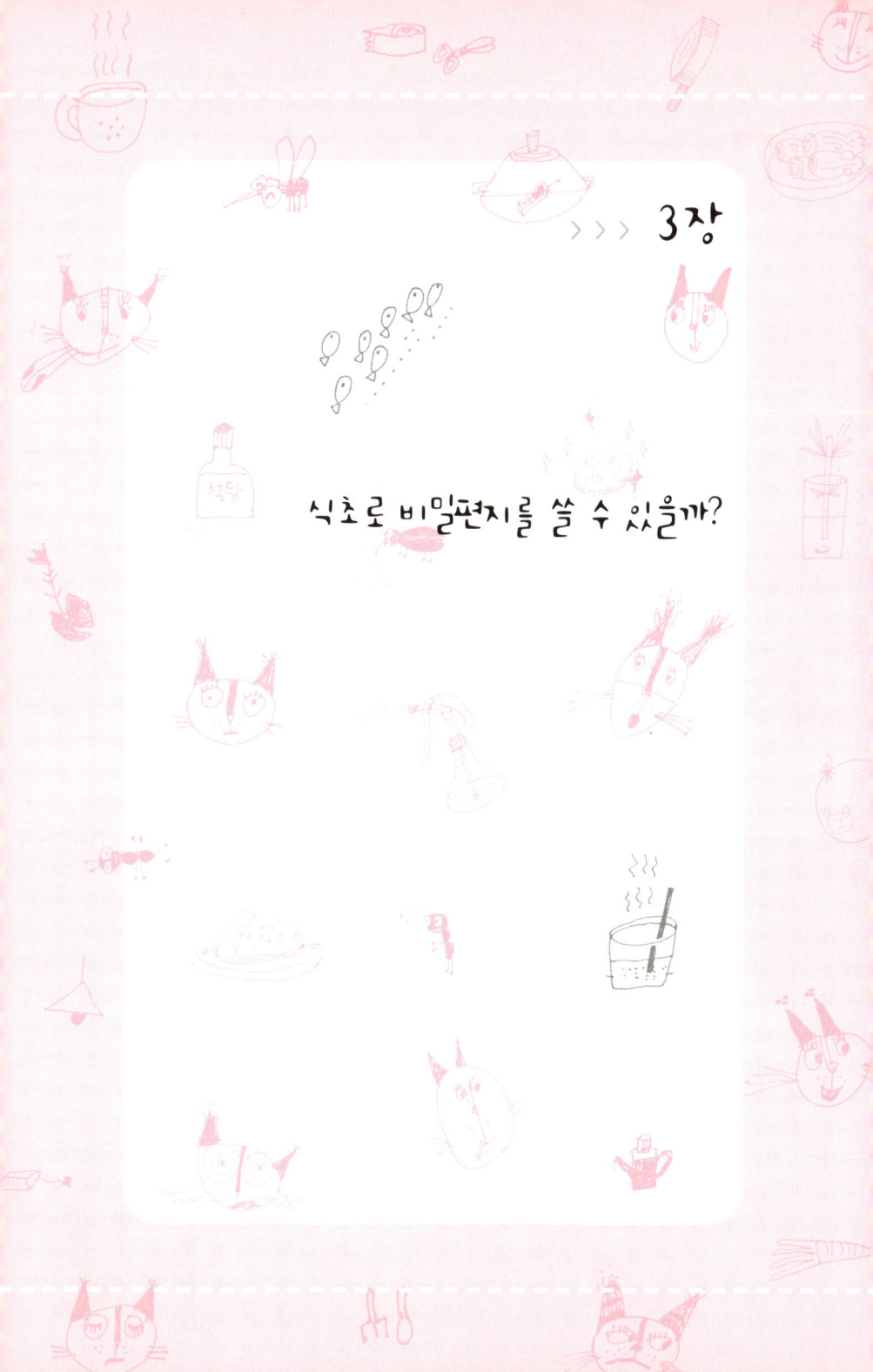

>>> 3장

식초로 비밀편지를 쓸 수 있을까?

● 박양은 지하철을 탈 때마다 느끼는 것인데, 사람들은 지하철을 타고 자리에 앉을 때는 꼭 양옆에 있는 구석으로 가서 앉으려고 한다는 것이다.

● 강양은 횡단보도의 길이가 신호등의 청신호 길이에 비례하는지 알아보았다.

시계로 측정한 결과, 청신호의 길이는 짧은 것은 14~15초였고 긴 것은 30초 정도였다. 긴 횡단보도의 경우, 젊은 사람들이 건너가기에는 무리가 없었지만 나이 드신 분들이 건너가기에는 시간이 아슬아슬하거나 조금 모자랐다.

● 최양은 버튼에 손가락만 살짝 대면 불이 켜지는 스탠드에 여러 가지 실험을 해보았다. 최양은 손가락 대신 쇠로 된 드라이버를 버튼에 대도 불이 켜진다는 것을 알았다. 100원짜리나 10원짜리 동전을 대었을 때도 불이 켜졌다. 하지만 플라스틱 펜을 대었을 때는 불이 켜지지 않았다.

● 강양은 자동문과의 거리가 얼마쯤 될 때 문이 열리는지, 자동문 10개를 조사하여 평균을 낸 결과, 약 37cm의 거리에서 열린다는 것을 알았다.

● 이양은 공포영화를 볼 때 소리를 끄고 보았더니, 무서움의 정도가 덜했다.

● 임양은 기름에 불을 붙히면 불이 잘 타는 것을 보고 실험을 해보았다. 동전에 참기름을 바른 다음에 불을 붙여 보았는데 불이 붙지 않았다. 그래서 면봉에 참기름을 바른 다음에 불을 붙여 보았는데 불이 붙었으나 다시 꺼졌다.

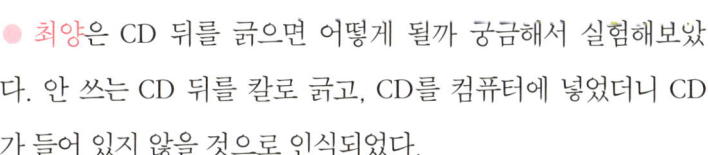

● 최양은 CD 뒤를 긁으면 어떻게 될까 궁금해서 실험해보았다. 안 쓰는 CD 뒤를 칼로 긁고, CD를 컴퓨터에 넣었더니 CD가 들어 있지 않을 것으로 인식되었다.

● 방양은 땅이 고르지 못한 곳을 버스가 지날 때 제일 뒷좌석에 앉으면, 앞쪽에 앉았을 때보다 몸이 더 심하게 흔들린다는

걸 알았다. 뒷좌석에 앉아 있다가 내리려고 움직였을 때 머리를
부딪힌 적도 있었다.

● 구양은 장미꽃, 들국화, 무궁화, 채송화, 봉숭아를 백반과 섞
어서 잘 찧어 손톱에 각각 올려놓은 다음 하룻밤을 기다렸다. 그
결과 장미꽃은 보라색, 들국화
는 초록색, 무궁화는 자주
색, 채송화는 분홍색으로
손톱에 물이 들어 있었
지만 물로 씻어내자 봉숭
아를 빼고 모두 씻겨 나갔다.

봉숭아

● 최양은 사과를 여러 가지 종류의 용액에 넣은 다음 갈변의 정
도를 알아보았다.
　물, 소금물, 설탕물, 비눗물에 사과를 넣었을 때 소금물과 설
탕물에서 갈변이 천천히 일어났다. 소금물의 농도가 진할수록
갈변이 천천히 진행되었다.
　또, 서늘한 곳과 햇빛이 잘 드는 곳에 사과를 두었을 때 서늘
한 곳의 사과가 갈변이 천천히 진행되었다.

● 심양은 어머니가 달걀을 삶으실 때 소금을 넣는 것을 보고 소
금물과 수돗물 중 어느 쪽 달걀이 더 빨리 삶아지는지 알아보기

로 했다. 소금물과 수돗물에 달걀을 2개씩 넣고 삶다가 5분 후 그 중 하나를 꺼내 상태를 보았다.

　수돗물의 달걀은 노른자가 거의 익지 않았지만, 소금물의 달걀 노른자는 반 정도 익어 있었다.

　10분 후 나머지 달걀을 꺼내서 상태를 보았더니 수돗물 의 달걀은 노른자가 3분의 2 정도 익었지만 소금물의 달걀 은 노른자 전체가 익어 있었다.

● 안양은 10원짜리 동전을 깨끗하게 만들기 위해 식초＋소금물, 락스, 치약을 섞어서 사용해보았다.

　1. 진한 소금물과 식초를 담은 컵에 때 묻은 동전을 넣었다.

　2. 락스를 약간 섞은 물에 1시간 정도 담가두었다.

　3. 못 쓰는 칫솔에 치약을 묻혀 닦았다.

　실험 결과, 소금물의 경우 시간이 많이 걸렸고, 락스를 섞은 물은 1시간가량이 지나자 동전이 깨끗해졌다. 또 치약을 사용하는 방법도 좋았지만 힘 이 많이 들었다.

● 이양은 헤론 엔진(캔의 아래쪽 옆면에 구멍을 뚫고 물을 넣은 다음 물이 빠져나가는 반작용으로 캔의 몸통이 회전하게 되는 장치)의 속도를 높이기 위해 구멍의 크기, 개수, 캔의 반지름을 다르게 하면서 이들이 회전수에 미치는 영향에 대해 알아보았다.

1. 구멍의 크기는 헤론 엔진의 회전수에 어떤 영향을 미칠까?

이양은 알루미늄 캔에 지름 1~15mm의 구멍을 4개씩 뚫은 다음(캔의 밑바닥에서 1.5cm 높이에 뚫었다) 같은 양의 물을 넣고 회전수를 3번씩 측정했다.

그 결과, 구멍이 5mm보다 작은 경우는 물이 오래 나오지만 힘이 약해 빠르게 돌지 못했고, 구멍이 5mm보다 클 경우에는 물이 많이 나와 힘차게 돌지만 물의 양이 한정되어 있기 때문에 오래 돌지는 못했다. 때문에 250ml 캔일 경우 지름 5mm 정도의 구멍을 뚫을 때 가장 오래 회전하게 된다는 걸 알았다.

2. 구멍의 개수는 헤론 엔진이 회전하는 횟수에 어떤 영향을 미칠까?

이양은 알루미늄 캔에 지름 1mm의 구멍을 2~8개까지 뚫은 다음 회전수를 측정해보았다.

그 결과 구멍이 3~5개일 때 가장 오래 회전했으며, 1~3개일 때는 오래 회전했지만 회전속도가 느렸고, 5~8개일 때는 빠르게 회전했지만 오래 회전하지 못했다.

3. 캔의 반지름은 회전수에 어떤 영향을 줄까?

지름이 2.5cm인 캔과 3cm인 캔에 지름 1mm인 구멍을 2개

뚫어 회전수를 측정한 결과 거의 비슷한 회전수가 나왔다. 그러므로 캔의 지름과 회전수는 별로 상관이 없다는 걸 알 수 있다.

● 김양은 종이 위에 식초로 글씨를 쓴 다음, 그 종이를 불로 쬐어 보았더니 글씨가 보였다. 김양은 다시 식초 이외에 비밀편지를 쓸 수 있는 물질은 무엇이 있는지 실험해보았다.

A4용지에 식초를 묻힌 붓으로 글씨를 쓴 다음 드라이어로 잘 말리고 다리미로 식초 글씨가 쓰여진 A4용지를 다림질했다.

종이를 불에 쬐이니 식초로 쓴 글씨가 잘 보였다. 이번엔 설탕물로 글씨를 쓴 다음 불에 쬐니 글씨가 나타났지만, 양초는 별다른 변화가 없었다. 김양은 우유도 비밀잉크로 적당하다는 것을 알았다.

"우유로 쓴 비밀편지"

● 차양은 물을 마시다가 문득 어떤 재질의 컵에서 물이 잘 어는지 궁금했다. 알루미늄, 플라스틱, 유리, 종이컵에 물을 담고 냉동실에 넣은 후 1시간 후 꺼내보았을 때 네 컵 모두 얼음 형성 정도가 비슷했다. 다시 3시간이 지나 확인했을 때는 알루미늄 컵이 가장 잘 얼어 있었고, 플라스틱 컵이 그 다음으로 얼어 있었다. 그러나 5시간이 경과한 후에는 플라스틱 컵의 얼음이 알

루미늄 컵의 얼음보다 더 단단하게 얼어 있었다. 종이컵의 얼음은 네 가지 컵 중 가장 나중에 얼었다.

● 주양은 엄마가 김치를 담글 때 배추의 물기를 빼기 위해 소금을 뿌리는 모습을 보고, 소금이 어떻게 배추의 물기를 빨아들이는지, 소금이 물기를 얼마만큼 빨아들일 수 있는지 소금의 양을 다르게 하여 소금을 뿌리기 전과 소금을 뿌린 후의 배추잎 단면을 비교해 보았다. 그 결과, 소금의 양이 많을수록 소금을 뿌린 후 배추잎 단면의 높이가 많이 줄어든다는 것을 알 수 있었다.

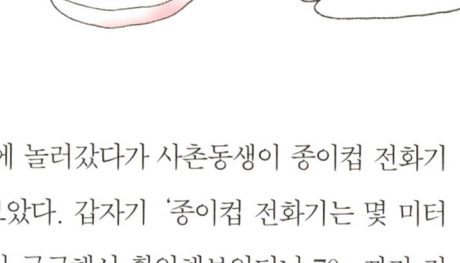

● 김양은 사촌동생 집에 놀러갔다가 사촌동생이 종이컵 전화기를 가지고 노는 것을 보았다. 갑자기 '종이컵 전화기는 몇 미터까지 목소리가 전달될지 궁금해서 확인해보았더니 70m까지 전달되었다.

● 유양은 액화현상으로 인해 찬 곳에서 따뜻한 곳으로 갈 때 안

경알이 뿌옇게 된다는 것을 배우면서 한편으로는 '뿌옇게 되는 것을 방지하려면 어떻게 해야 할까?' 라는 생각이 들었다. 그래서 유양은 거울과 렌즈를 4개 준비하고, 소금물과 비눗물, 식용유, 소주를 렌즈와 거울에 묻힌 후 냉장고에 20분간 두었다. 냉장고에서 거울과 렌즈를 꺼낸 후 관찰한 결과, 소금물〉소주〉비눗물〉식용유순으로 뿌옇게 되어 있었다. 뿌옇게 되는 것을 방지하는 효과는 비눗물이 가장 컸다.

● 윤양은 캠프파이어를 할 때마다 번번이 초가 금방 꺼져버려 아쉬웠다. 여기에 힌트를 얻은 윤양은 굵기에 따라 초가 타는 시간이 어떻게 다를지 실험해 보았다.

굵기가 다른 양초 3개에 불을 붙인 후 15분 간격으로 길이를 쟀더니, 가장 굵은 것이 더 오래 탔다.

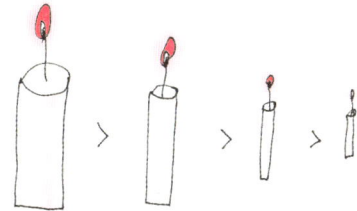

윤양의 생각으로는 초는 불의 세기에 따라서 타는 시간이 결정되는 줄 알았는데, 양초가 타는 시간은 초의 굵기와 관계 있었다. 윤양은 앞으로 캠프파이어 할 때 굵은 양초를 사용하면 좋을 것 같다고 생각했다.

● 오양은 포스터를 그리다가 포스터 컬러가 굳어 있는 것을 보고 속이 상했다. 그때　굳은 포스터 컬러를 빨리 녹이려면 어떤 액체를 사용하는 것이 좋을지 실험해 보았다.

　　포스터 컬러에 식초, 간장, 아세톤, 물, 스킨로션, 사이다, 우유, 알코올 등을 넣어 녹여보았다. 처음에는 액체의 종류와 상관없이 녹는 정도가 비슷했다. 시간이 지남에 따라 식초와 알코올을 넣은 포스터 컬러는 완전히 녹았고, 물, 콜라, 사이다를 넣은 포스터 컬러는 많이 녹았으며, 우유, 스킨로션은 조금 녹았다. 간장과 아세톤을 넣은 것은 변화가 없었다.

　　오양은 식초를 넣었을 때 물감이 완전히 녹은 것을 보고 용액의 액성과 포스터 컬러의 녹는 속도가 관계있을지 모른다는 생각이 들었다. 그래서 산성(식초), 중성(물), 염기성(비눗물) 용액을 넣어 포스터 컬러를 녹여보았다.

　　포스트 컬러는 산성에서 가장 잘 녹고 녹는 속도도 빨랐다. 중성의 경우 산성과 염기성의 중간 정도 녹았으며 녹는 속도가 느렸다. 염기성의 경우 잘 녹지 않았다.

● 문양은 잠을 자려고 누웠다가 천장에 곰팡이가 핀 것을 발견했다. 순간 문양은 음식에 따라 각각 다른 곰팡이가 생길지 궁금해졌다.

곰팡이

문양은 우유, 빵, 밥을 준비한 다음 습기가 많은 곳에 두었다. 실험을 시작하고 다음 날, 우유에는 두부 같은 하얀 덩어리가 생겼다. 실험 셋째 날, 빵에는 검정색 곰팡이가 피었다. 실험 다섯째 날, 하얀색과 검정색 곰팡이가 밥에 피었다.

문양은 '곰팡이' 하면 푸른곰팡이만 있는 줄 알았는데, 검정색 곰팡이나 하얀색 곰팡이도 있다는 것을 일았다.

● 박양은 아세톤에 수수꽃다리(라일락) 잎을 넣어보았다. 연두색이 우러나왔다. 나뭇잎을 넣었을 때는 과자처럼 딱딱해지면서 부서졌다. 분필의 경우 별다른 변화가 없었다.

고무줄 <····   아세톤   고무줄

아세톤에 초콜릿을 넣은 경우, 초코 우유에 물을 탄 것처럼 아세톤 색이 변하면서 초콜릿 겉면이 하얗게 변했다. 쉽게 잘 부서졌다.

이번엔 고무줄을 아세톤에 넣었다 꺼냈다. 원래 것과 비교해 보니 고무줄 색이 연해졌고, 많이 늘어나 있었다.

박양은 아세톤이 물체의 색을 조금씩 녹이는 것 같아서 조금 무서운 느낌이 들었다고 한다.

● 박양은 더운 여름, 햇빛을 조금이라도 덜 흡수하는 색의 옷을 입으면 조금은 덜 덥지 않을까 해서 어느 색깔이 빛의 영향을 덜 받는지, 돋보기와 색종이, 초시계를 이용해 알아보았다.

햇빛이 많이 비치는 곳에 색종이를 놓고 돋보기를 이용해 빛을 모아 2분 동안 색종이를 태워보았다. 초록, 주황, 빨강, 파랑은 7~10초 사이에 타기 시작했고, 검정색이 가장 빨리 탔다. 노랑, 분홍, 연두 색종이는 그을리지도 않았다.

● 홍양의 집은 얼마 전 리모델링을 했다. 홍양은 엄마가 싱크대에 시트지를 붙이는데, 자꾸 기포가 생기는 것을 보았다. 이 기포는 잘 빠지지도 않을뿐더러 모양도 좋지 않았다. 그래서 홍양

은 기포를 조금 더 효과적으로 빼내는 방법을 찾아보기로 했다.

홍양은 시트지에 적당한 간격(100cm²당 3개)으로 구멍을 뚫었다. 이 방법으로 시트지를 혼자서 가뿐히 붙일 수 있었다.

공기가 미리 뚫어 놓은 바늘구멍으로 빠져나가 바늘구멍을 미리 뚫어 놓지 않는 경우보다 기포수가 상대적으로 적었다. 그러나 기포가 생기지 않은 부분까지 구멍을 냈기 때문에 약간 지저분했다. 그래서 한 명은 위부터 시트지를 붙이고 다른 한 명은 기포가 생길 때마다 바늘로 구멍을 냈다. 기포가 생기지 않은 부분까지 바늘구멍을 낼 필요가 없어 깨끗했다.

● 진양은 길을 걷다가 그만, 누가 씹고 버린 껌을 밟고 말았다. 발을 떼어 놓으려고 당기는데 껌은 쉽게 떨어지지 않고 늘어나기만 했다. 가까스로 껌을 신발에서 떼어냈지만 진양은 '어떤 껌이 가장 많이 늘어날까?' 하는 호기심이 생겼다.

풍선 껌, 아카시아 껌, 센스민트 사과 껌, 은단 껌, 자일리톨 껌, 커피 껌을 준비한 후 5분씩 힘을 주어 씹었다. 다 씹은 껌을 큰 종이에 붙인 후 늘여보았다. 풍선 껌은 102.7cm, 아카시아 껌은 97.5cm, 센스민트 사과 껌은 96.4cm, 은단 껌은 96.1cm, 자일리톨 껌은 95.7cm, 커피 껌은 91.4cm까지 늘어났다.

● 최양은 수성 사인펜으로 종이에 글을 쓴 뒤 그 위에 초, 색연필, 크레파스, 유성 사인펜을 덧칠했다. 예상 외로 수성 사인펜이 물에 번지지 않았다. 색연필로 덧칠했을 때 조금 번졌을 뿐 별다른 변화는 없었다.

● 유양은 어느 날 저녁, 엄마랑 미용실에 갔는데 사람이 너무 많아 기다려야 했다. 유양은 다음에 갈 때는 기다리지 않고 빨리 머리하고 싶어서 어떤 요일에 미용실에 사람이 가장 적은지 알아보았다.

미용실에 오는 사람의 수를 일주일 동안 한 시간씩 두 번(오후 1시 30분~2시 30분, 5시~6시) 관찰했다.

사람이 가장 많은 날은 12명이 온 화요일과 토요일이었다. 사람이 가장 적은 날은 5명으로 월요일이었다. 그리고 낮에는 31명, 저녁에는 24명으로 낮에 사람이 더 많았다. 그리고 주 5일제 영향인지 금요일에도 사람이 많았다.

유양은 금요일과 토요일은 시간이 많이 걸리는 파마를 하는 사람이 많으므로 피하는 것이 좋다고 생각했다.

● 박양은 열쇠고리를 락스 물과 그냥 물에 담갔을 때 어떤 것이

더 빨리 녹스는지 실험해보았다.

락스 물에 담가둔 열쇠고리가 훨씬 빨리 녹슬었다.

● 김양은 '뜨거운 물이 차가운 물보다 더 빨리 언다'는 것을 알고, 신기하기도 하고 상식적으로 이해가 되지 않았다. 그래서 직접 실험해보았다.

크기가 같은 플라스틱 컵 2개에 차가운 물과 뜨거운 물을 각각 담고 냉동실에 넣었다. 1시간 50분 후 확인해보니 뜨거운 물의 경우 약 0.5mm 두께의 얼음이 얼었고, 차가운 물의 경우 약 0.1mm 두께의 얼음이 얼어 있었다.

● 박양은 쌀독에 마늘을 넣어 두면 쌀벌레가 생기지 않는다는 이야기를 들은 적이 있다. 집에 있는 《마늘 이야기》라는 책을 찾아보니, 마늘에는 항균, 항암, 콜레스테롤 저하 작용이 있다고 쓰여 있었다. 그래서 마늘이 곰팡이에 대해 항균 작용이 있는지 양파와 소시지를 이용해 비교하기로 했다.

마늘, 양파, 소시지를 각각 식빵 위에 올려놓은 다음 비닐봉지 속에 넣고 묶었다.

10일 후 양파와 소시지를 올려놓은 식빵에서는 곰팡이가 피었으나 마늘을 올려놓은 식빵에서는 곰팡이가 피지 않았다.

● 김양은 머리를 감다가 어떻게 해야 머리카락이 더 윤기가 나고 탄력이 생기는지 궁금했다.

샴푸, 린스, 비누, 식초로 각각 하루씩 돌아가면서 머리를 감고 롤 빗으로 빗어서 느낌을 알아보았다.

샴푸와 린스로 머리를 감았을 때 머리카락은 탄력이 없고, 그렇게 부드럽지도 않았다. 비누의 경우 너무 뻣뻣하고 빗질도 잘 되지 않았다. 린스 대신 식초로 감았을 때는 뻣뻣하지도 않았고, 탄력도 있었다. 윤기도 흘렀다. 물론 식초 냄새도 나지 않았다.

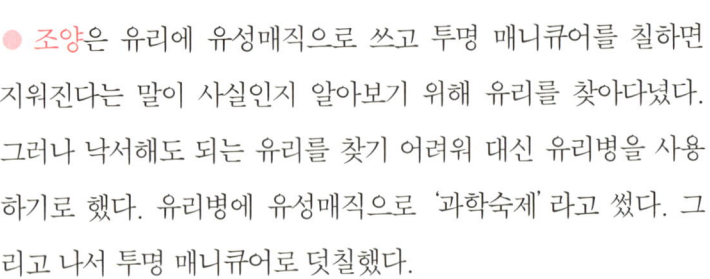

● 조양은 유리에 유성매직으로 쓰고 투명 매니큐어를 칠하면 지워진다는 말이 사실인지 알아보기 위해 유리를 찾아다녔다. 그러나 낙서해도 되는 유리를 찾기 어려워 대신 유리병을 사용하기로 했다. 유리병에 유성매직으로 '과학숙제'라고 썼다. 그리고 나서 투명 매니큐어로 덧칠했다.

투명 매니큐어를 칠할수록 과학숙제란 글자가 지워지기 시작했다. 그런데 글자가 지워지기는 했으나, 유리가 약간 뿌옇게 흐려지는 것을 보고 글자가 지워지기는 하지만 깨끗하게 지워지지 않는다는 것을 알 수 있었다.

● 이양은 풍선을 불어서 바닥에 놓고 손부채질을 해보았다. 풍선은 흔들거리기만 할 뿐 움직이지는 않았다. 그래서 좀더 세게 손부채질을 했더니 강도를 점점 세게 할수록 풍선의 움직임이 커지기 시작하더니 점점 이양이 있는 방향으로 다가오기 시작했다.

● 최양은 풍선에 보통 사용하는 스카치 테이프를 붙이고 바늘로 찔러보았다.

풍선은 터지지 않고 구멍만 뚫려서 바람이 빠지기 시작했다. 그래서 이번에는 스카치 테이프가 아닌 양면 테이프로 실험을 해보았다.

풍선은 처음엔 구멍만 뚫려서 터지지 않고 있다가 몇 초가 지나자 갑자기 터져버렸다.

실험 결과, 최양은 테이프의 종류가 다르면 풍선이 터지는 시간이 다르다는 것을 알았다. 놀라긴 했지만 성공적인 실험이었다.

● 김양은 헬륨을 넣은 풍선 하나가 어느 정도의 무게를 들 수 있는지 실험해보았다.

찰흙을 동그랗게 만들어 무게를 10g으로 만든 다음 풍선과 실로 이어 보았다. 풍선은 놀이공원에서 구한 헬륨 풍선을 이용했다. 우선 10g의 찰흙을 메달 때 풍선 2개를 쓰고, 20g을 메달 때에는 풍선 4개, 30g을 메달 때에는 5개를 썼다.

이 실험으로 김양은 헬륨 풍선 하나로는 약 6g 정도의 찰흙을 들 수 있다는 것을 알았다.

김양의 생각으로는 그렇다면 헬륨 풍선 8,000개가 있다면 자신도 떠오를 수 있다는 말인데, 그건 돈이 너무 많이 들어서 다음으로 미루기로 했다고 한다.

● 박양은 쇠로 된 냄비 속에 핸드폰을 넣고 전화를 해보았다. 연결신호는 갔지만 정작 냄비 속의 핸드폰은 아무런 반응도 보이지 않았다.

● 황양은 텔레비전에서 방송 중간중간에 나오는 광고가 몇 초쯤 될지 시간을 재보았다.

평소에 황양은 광고가 길다고 느꼈는데 실제로 광고 10개의 시간을 재보니 평균 15~16초였다. 한 개의 광고를 찍으려고 많은 사람들이 노력하는 것을 생각하면 너무 짧은 것 같았다고 한다.

● 송양은 집에서 가스레인지의 불을 켜다가 새로운 사실을 알아냈다. 가스레인지의 불을 켜면 불이 파란색으로 나오는데, 이 파란색 불에 면봉을 대어보았더니 불이 빨간색으로 붙는 것이었다.

파란색이었던 불이 어떻게 빨간색으로 변했을까? 몇 번을 다시 해봐도 파란색 불에 면봉을 대면 빨간색 불이 붙었다.

송양은 새롭게 알아낸 사실이 신기해서 세 번 더 실험했더니 부엌에서 불장난한 냄새가 났다.

● 원양은 건전지를 다 쓴 핸드폰을 차가운 곳이나 시원한 곳에 두었다가 시간이 조금 흐른 뒤 보면 핸드폰이 충전되어 있다는 말을 들은 적이 있다. 그래

거짓말

서 핸드폰을 냉장고에 넣어보기도 하고, 시원한 창문 턱에 올려놓기도 했다.

확인한 결과 그 말은 거짓말이었고, 건전지는 충전되지 않았다고 한다.

● 주양은 컵 2개에 찬물과 더운물을 각각 담고, 컵을 덮을 수 있는 얇은 명함 크기의 종이 2개를 준비했다.

그리고 그 컵에 명함 크기의 얇은 종이를 덮고 종이의 변화를 살펴보았다.

그 결과 찬물 컵 위의 종이는 아무런 변화가 없었지만, 더운물 위에 올려 놓은 종이는 점점 말려 동그랗게 휘었다.

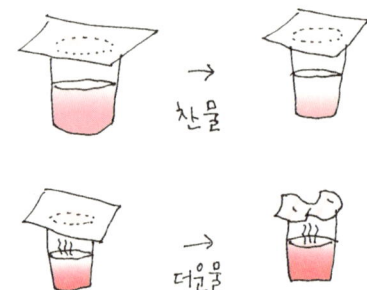

● 최양은 양면 색종이가 최대한 몇 번까지 접히는지 해보았다. 처음에는 그냥 양면 색종이를 반으로 접고, 다시 반으로 접었다. 처음 3, 4번은 쉽게 접혔지만 5번째부터는 힘이 들어가기 시작했다. 그리고 6, 7번째 접을 때에는 힘이 아주 많이 들었고, 최대 7번째까지 접을 수 있었다.

● 신양은 집에 있는 선풍기의 미풍과 약풍의 바람이 어디까지

가는지 알아보았다. 먼저 미풍을 실험했다. 선풍기의 미풍을 틀고 종이를 가까운 곳에서부터 멀리 가져갔다. 그리고 약풍도 같은 방법으로 실험했다. 그 결과, 미풍은 3m 10cm 정도에서 종이가 날아갔고, 약풍은 4m 60cm 정도에서 날아갔다.

● 박양은 햇빛이 쨍쨍나던 낮에 냉동실에서 얼린 고기를 꺼내 찬물에 담궈 놓는 엄마를 보았다. 박양은 그냥 두어도 고기가 녹을 텐데 왜 더 녹지 않게 찬물에 넣느냐고 엄마에게 여쭤보았다.

그랬더니 엄마는 직접 실험해보라며 박양에게 얼린 고기 두 봉지를 주었다. 얼린 고기 중 하나는 햇볕이 잘 드는 곳에 두고 하나는 찬물에 담갔다.

20분쯤 후 확인해보니 햇볕이 잘 드는 곳에 두었던 고기는 녹지 않았고, 찬물에 넣은 고기가 녹아 있었다.

● 은양은 책에서 바둑알을 가로로 돌리면 몇 바퀴 돌다가 세로

로 도는 것을 본 적이 있었다. 은양은 직접 바둑알을 가로로 돌려보았다. 신기하게도 바둑알은 가로로 돌다가 잠시 후 세로로 서서 돌았다. 내친김에 날달걀도 돌려보았는데, 세로로 서서 돌지 않았다. 달걀을 세게 돌리면 깨지기만 했다.

● 이양은 선생님들이 쓰는 분필이 얼마나 쓰면 다 닳게 되는지 실험해보았다.

　종이에 4.5cm 길이의 파란색 분필로 '가' 라고 썼다.

　글자 크기는 가로 3cm, 세로 2.5cm로 했다.

　실험 결과 4.5cm의 분필을 4cm로 만드는 데 '가' 라는 글자를 330번 써야 했다. 그리고 이양이 계산한 결과, 4.5cm의 분필을 다 쓰려면 약 4,000번 글자를 써야 한다는 것을 알았다. 분필은 생각보다 끈질기다.

● 조양은 항상 1,000원어치 떡볶이를 사먹을 때 돈이 아깝다는 생각을 했다.

　300원짜리 떡볶이를 3번 먹는 것보다 배가 부르지 않은 것 같다는 생각이 들었기 때문이다. 그래서 친구 경주를 실험 도우미로 하고 실험해보기로 했다. 참고로 실험대상 떡볶이 집은 조양 동네 근처인 백○○ 김밥집으로 정했다.

　조양의 실험 결과, 300원짜리 떡볶이엔 떡 8개, 어묵 4개가 들어 있었고, 1,000원짜리엔 떡 22개와 어묵 10개가 들어 있었다.

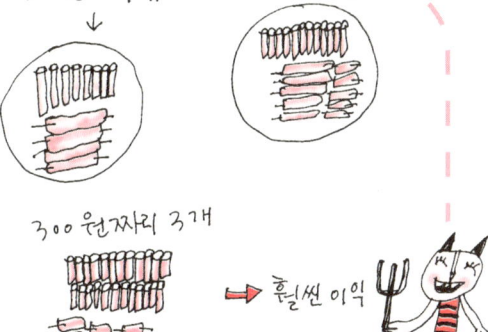

300원짜리 3개면 떡 24개, 어묵 12개 정도가 되니 1,000원짜리보다 훨씬 이익이라는 걸 알 수 있었다.

● 오양은 샤프심 하나를 가지고 보통 속도로 쉬지 않고 사용하면 몇 분 동안 쓸 수 있을지 궁금해서 써보았다.

오양은 한 20분 정도 쓸 수 있을 줄 알았는데 써보니 약 1시간 6분 정도를 쓸 수 있었다. 생각보다 샤프심은 잘 버텼다.

● 김양은 집에 있는데 혼자 밥 먹기 싫어 뭘 먹을까 고민하다가 메추리알을 발견했다.

메추리알을 몇 개 먹으면 질릴까 궁금해서 삶아서 먹어보았는데, 약 40~45개 정도 먹으니 더 이상 질려서 먹을 수가 없었다고 한다.

● 곽양은 간지러움을 굉장히 잘 타는데, 그중 모기한테 물렸을 때는 참을 수 없는 간지러움을 느낀다. 그래서 모기에 물리면 간

지러움을 견디기 못하고 계속 긁어 피를
보고야 만다.

　그렇다고 간지러운 곳을 긁으면
나아지는 것이 아니라 더 간지러
워지는 것이었다.

　계속 긁으면 점차 간지러움은 사
라지지만 피가 나는 것은 어쩔 수 없었다.

● 정양은 물에 소금을 넣고 얼리면 잘 얼지 않는다는
말을 들은 적이 있다. 그래서 맹물, 소금을 약간 넣은 물, 소금을
좀더 넣은 물, 소금을 많이 넣은 물을 냉동실에 넣고 하루 종일
얼려 보았다.

　다음 날 얼음의 단단한 정도를 살펴보았는데, 맹물 〉소금을
약간 넣은 물 〉소금을 좀더 넣은 물 〉소금을 많이 넣은 물 순서
로 얼음이 단단했다. 그리고 얼음이 녹는 순서는 이와 반대였다.

● 이양은 실수로 종이에 손가락을 베였다. 어쩔 땐 칼보다 종이
에 베인게 더 아프다는 생각이 들었다. 이양은 그래서 종이로 바
나나를 잘라보기로 했다.

　종이를 세워 바나나를 잘라보았는데,
괜히 바나나만 더러워졌다.

　종이는 처음에만 잘 잘리다가

중간에 걸려서 잘 잘리지 않았다. 이양은 역시 모든 물건에는 각자의 쓰임이 있다는 걸 다시 한번 느꼈다.

● 최양은 선풍기 앞에서 노래를 하거나 말을 하면 목소리가 '아' 하며 떨린다는 걸 알고, 목소리가 떨리면 악기 소리는 어떻게 될지 해보았다.

최양은 선풍기에 대고 노래를 불러보고, 똑같은 노래를 리코더로 불어보았다. 역시 리코더 소리도 떨리게 들렸다.

선풍기 앞에서는 노랫소리도 악기소리도 다 떨린다는 걸 알았다.

● 한양은 종이를 여러 장 겹쳐서 찢으면 몇 장까지 찢을 수 있는지 해보았다.

한양은 우선 5장에서 시작에서 1장씩 늘려가면서 찢었다.

처음 5~10장까지는 힘을 주면 찢을 수 있었고 15장까지도 가능했다. 18장째부터는 힘이 많이 들긴 했지만 찢을 수 있었다. 하지만 19장째부터는 한양의 힘으로 찢는 것이 불가능했다.

● 이양은 동생이 자고 있는 모습을 보다가
손목을 잡아보니 동생의 맥박이 뛰는 게
느껴졌다.

　그래서 이양은 동생의 맥박이 1분
에 몇 번이나 뛸까 세어
보았는데, 동생의 맥박
은 1분에 무려 96번을
뛰었다. 이양 자신은 1분
에 몇 번이 뛸까 궁금해서 세어보았는데, 68번밖에 뛰지 않았다.
이양은 왜 동생과 맥박수가 다른지 나이가 들면 맥박수가 줄어
드는 건지 궁금했다.

● 윤양은 사과를 8등분 하여 여러 가지 용액에 담가두었다.

　1. 공기 중에 그대로 놓아두었다.

　2. 소금 3찻숟갈＋물 100ml

　3. 설탕 3찻숟갈＋물 100ml

　4. 뉴슈가 3찻숟갈＋물 100ml

　5. 물엿 3찻숟갈＋물 100ml

　6. 식초 3찻숟갈＋물 100ml

　7. 수돗물

　8. 밀폐용기에 넣어두었다.

　관찰 결과, 1~6시간까지는 용액에 담근 상태로 관찰했으며,

6시간 이후로는 용액에서 꺼낸 다음 11시간째 됐을 때 다시 관찰했다.

	1시간 후	2시간 후	3시간 후	4시간 후	5시간 후	6시간 후	11시간 후(공기중)
1 〈그대로〉	과즙이 모두 마름	옅은 갈색선이 생김	갈색선이 많아짐	칼과 닿은 부분이 심하게 갈변	표면이 스펀지 같음	표면이 말랑 말랑해짐	말랑말랑하고 멍든 것 같음
2 〈소금물〉	변함없음	변함없음	변함없음	변함없음	변함없음	약간 연둣빛 으로 변함	칼에 닿았던 부분만 옅은 갈색으로 변함
3 〈설탕물〉	변함없음	변함없음	변함없음	칼과 닿은 면 이 조금 변색	앞의 상태 유지	앞의 상태 유지	갈색선이 3, 4개 생김
4 〈뉴슈가 물〉	변함없음	변함없음	변함없음	칼과 닿은 면 이 조금 변색	조금 더 갈변	앞의 상태 유지	앞의 상태 유지
5 〈물엿〉	변함없음	변함없음	칼과 닿은 면 이 갈색으로 변해감	연둣빛을 띰	갈색을 띰	앞의 상태 유지	앞의 상태 유지
6 〈식초〉	변함없음	약간 노란색 으로 변함	옅은 갈색	칙칙한 갈색 이 되어감	칙칙한 갈색 으로 변함	앞의 상태 유지	삭은 것 같고 냄새 가 심함
7 〈수돗물〉	변함없음	변함없음	변함없음	칼과 닿은 부분이 갈색 으로 변함	약간 노란색 으로 변함	앞의 상태 유지	칼에 닿았던 부분이 갈변
8 〈밀폐 용기〉	변함없음	변함없음	변함없음	과즙이 조금 말랐음	아직은 싱싱함	앞의 상태 유지	갈색선 1, 2개만 빼고는 싱싱함

실험 결과, 소금물과 설탕물, 뉴슈가물이 갈변 방지에 효과가 있었지만 밀폐용기에 넣는 방법이 가장 효과적인 방법이었다. 윤양은 실험하면서 이상한 점을 발견했는데 그것은 과도에 닿은 사과의 표면부분에는 모두 갈변 현상이 더 빨리 일어난다는 것이었다.

● 김양은 사탕을 먹다가 실수로 우유에 빠뜨렸다. 그런데 사탕이 한참 지나도 녹지 않고 그대로 있었다.

신기하고 이상해서 아깝지만 사탕을 물에 넣어보았더니 무척 빨리 녹았다.

탄산 음료에 넣었을 때는 물보다 늦게 녹았지만 우유보다는 빨리 녹았다.

● 차양은 물속에 얼음을 넣으면 '쩍' 하는 소리가 나면서 갈라지는 것에 착안해 얼음을 다른 액체에 담그면 어떻게 되는지 실험해보았다. 보리차, 수돗물, 이온 음료, 탄산 음료에 얼음, 식용유를 넣고 관찰한 결과, 식용유에 넣었을 때는 금도 가지 않고 소리도 나지 않았다. 하지만 식용유 이외의 다른 물질에 넣었을 때는 금이 가고 소리도 났다.

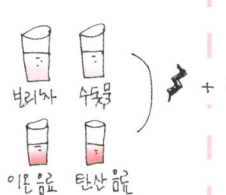

● 박양은 물, 주스, 콜라에 캡슐 약을 넣고 얼마나 잘 녹는지 실

험해보았다. 물에 넣은 약은 빠르게 녹으면서 아래로 가라앉았다. 또, 주스에 넣은 약은 잘 녹지 않고 가라앉았다. 반면, 콜라에 넣은 약은 모양이 이상해지고 안의 약 성분은 녹아서 위로 떴다.

물　　주스　　콜라

● 이양은 약을 먹다가 실수로 물에 빠뜨렸더니 금방 녹아버렸다. 그것을 보고 얼마 만에 약이 녹는지 알아보았다.

알약을 사이다, 밀키스, 포카리스웨트, 물에 넣고 관찰해보았다.

종류	알약 변화
사이다	10초 : 알약을 넣으니 위로 뜨고 탄산 소리를 내며 녹기 시작한다. 30초 : 알약은 훨씬 작아져 있고, 가루가 위로 뜬다. 1분 : 알약은 가라앉고 가루는 다 녹았다.
밀키스	30초 : 사이다처럼 알약이 떴다가 가라앉는다. 1분 : 15초 후에 알약이 다 녹았다. 컵의 위쪽에 알약이 녹아 붙어 있다.
포카리스웨트	1분 : 알약이 가라앉고 느리게 녹는다. 물보다 가루가 많이 뜨고 　　　사이다보다는 적게 뜬다. 2분 : 알약이 거의 다 녹았다. 2분 15초 : 알약이 다 녹았다.
물	1분 : 가라앉아 녹는다. 1분 20초 : 물이 뿌옇게 되면서 알약이 다 녹았다.

사이다 〉밀키스 〉물 〉포카리스웨트순으로 알약이 녹았다.

● 조양은 엄마가 탄산 음료와 약을 같이 먹으면 안 된다는 말을 듣고 어떤 음료와 함께 약을 먹어야 하는지 실험해보았다.

유리컵에 콜라, 식초, 이온 음료, 주스, 물에 알약을 넣은 다음 관찰했다.

시간	콜라	식초	이온 음료	주스	물
2분	거품이 일기 시작, 분해된 가루 알약이 오르락내리락한다.				
4분		알약이 부서진다. 부서진 알약이 모래알처럼 쌓인다.		알약이 부서진다.	
6분		식초는 연분홍과 노란색으로 변한다.			알약이 차분히 밑으로 가라앉는다. 조금씩 녹는다.
8분	알약은 거의 다 녹고 가루들이 계속 오르락내리락한다.		알약이 녹는 속도가 느려진다.		
10분	거의 다 녹았다.	모래알처럼 되며 알약은 다 녹았다.	알약이 녹은 자리 위의 표면으로 가루가 떠오른다.		
12분	계속 가루들이 오르락내리락한다. 콜라 맛이 약간 쓰다.		15분 후 알약이 더 이상 녹지 않았다.	알약이 잘 녹았다.	알약이 거의 다 녹았다.

콜라 〉식초 〉주스 〉물 〉이온 음료순으로 알약이 녹았다.

● 강양은 같은 양의 물과 사이다를 컵에 담고 얼음을 넣어보았다. 물에 넣은 얼음은 29분만에 녹았지만 사이다에 넣은 얼음은 40분이 되어서야 녹았다.

물 (29분)

사이다 (40분)

● 권양은 텔레비전에서 설탕물로 탑을 만드는 것을 보고 음료수로 탑을 쌓을 수 있는지 실험해보았다.

유리컵에 물, 물엿, 식용유, 망고 주스, 포도 주스순으로 담았는데, 컵의 아랫부분부터 물엿-포도 주스-망고 주스-식용유 순서대로 쌓였다. 권양은 망고 주스의 위쪽의 색이 연한 것을 보고 이 부분에 물이 있는 것 같다고 생각했다.

식용유
망고 주스
포도 주스
물엿

물

● 홍양은 커피의 맛을 다양하게 알고 싶어서 커피에 여러 가지를 넣어보았다.

커피(커피+설탕) 반 잔(종이컵)에 식초, 소금, 녹차, 간장, 우유, 프림을 넣고 맛을 보았다.

식초(한 방울) : 신냄새는 나지만 신맛이 나지는 않았다.

소금(한 찻숟갈) : 짜긴 짰지만 단맛이 강해졌다.

녹차(티백 하나) : 단맛이 더 많이 나지는 않았지만 녹차 맛이 섞여 맛없는 커피가 되었다.

간장(한 찻숟갈) : 짠맛이 나지만 소금보다는 덜했다. 단맛이 강해지지는 않았다.

우유(한 찻숟갈) : 커피색이 연해졌다. 맛에는 큰 변화가 없었다.

프림(한 찻숟갈) : 단맛이 강해졌고 맛있어졌다.

홍양은 이날 커피를 많이 마셔서 잠을 자지 못했고, 맛없는 커피를 먹느라 고 혼이 났다고 한다.

● 문양은 단어를 연습장에 쓰면서 외운다. 그런데 여름철에는 땀이 많이 나서 연습장에 땀방울이 떨어지곤 하여 쓰면서 공부 하기가 불편했다. 그때 문득 '땀 말고 다른 액체가 연습장에 떨 어졌다면 얼마나 기다려야 그것이 말라서 다시 적을 수 있을 까?' 하는 의문이 들었다. 커피, 콜라, 사이다, 게토레이, 세제, 가그린, 물, 포카리스웨트를 각각 15°C와 30°C로 만들어 헝겊 에 한 찻숟갈씩 떨어뜨리고 증발하는 시간을 쟀다.

실험 결과, 15°C 액체보다 30°C 액체가 더 빨리 증발했다. 그리고 물〉가그린〉사이다〉포카리스웨트〉게토레이〉콜라〉커피〉세제순으로 증발하는 시간이 빨랐다.

　문양은 다른 액체에 비해 물이 가장 빨리 증발한 것은 물에 아무것도 섞이지 않았기 때문이라고 생각했다. 그리고 세제가 가장 느리게 증발한 이유는 묽고 미끈미끈해서 일거라고 생각했다.

● 이양은 여름이 되면 음료수를 자주 얼려 먹는데 똑같은 탄산이 들어 있는 음료수들 중 어느 것이 더 빨리 어는지 실험해보았다.

　사이다, 콜라, 환타를 똑같이 생긴 컵에 똑같은 양을 넣고, 냉동실에 넣은 후 10분마다 확인했다. 밤 9시 20분에 시작했는데, 콜라는 밤 11시 56분에 얼었고, 환타는 다음 날 새벽 12시 19분에, 사이다는 새벽 3시 48분에 얼었다.

● 박양은 더울 때 자주 음료수에 얼음을 넣어 마신다. 그런데 얼음이 다 녹기도 전에 음료수를 '꿀꺽' 해버려 아직 시원해지지 않은 음료수를 마시곤 한다. 그래서 어떤 음료수에서 얼음이 가장 빨리 녹는지 알아보았다.

투명한 유리컵에 물, 이온 음료, 우유, 탄산 음료를 같은 양씩 담고, 같은 양의 얼음을 넣은 후 일정 시간마다 관찰했다.

물에 넣은 얼음은 18분 후, 이온 음료에 넣은 얼음은 26분 후, 우유에 넣은 얼음은 30분 후, 탄산 음료에 넣은 얼음은 34분에 완전히 녹았다. 이온 음료와 우유에서 얼음이 녹는 속도는 큰 차이를 보이지 않았지만 물과 탄산 음료의 차이는 확연했다.

● 주양은 엄마 심부름으로 커피를 타기 위해 뜨거운 물을 부었을 때 커피 가루가 엄청난 속도로 녹는 것을 보고, 물체의 분자 운동에 대해 알아보았다. 찬물과 뜨거운 물에서 커피 가루의 녹는 시간과 스푼으로 저었을 때 얼마나 더 빨리 녹는지 반응을 살펴보았다.

2개의 초시계로 동생과 녹는 시간을 측정했다. 커피는 뜨거운 물에서 1분 21초, 찬물에서 3분이 걸렸다. 스푼을 저어 준 경우 뜨거운 물에서 10초, 찬물에서 40초 걸렸다.

● 유양은 과학실험반에서 우유에 세제를 넣으면 지방과 단백질이 분리된다는 것을 배웠다. 선생님께서 이 실험은 오래 걸리므로 집에서 해보라고 하셨다. 유양은 이왕하는 거 세제 말고 다른

물질을 넣어 분리 속도를 비교하고 싶었다.

3개의 접시에 우유를 조금 붓고 접시 하나에는 세제를, 또 하나에는 식초를, 나머지 하나에는 물을 넣었다. 그리고 24시간 동안 관찰했다.

관찰 결과, 식초를 넣은 것이 가장 빨리 분리되었고, 그 다음이 세제였다. 물을 넣은 것은 변화가 없었다.

● 최양이 듣기로 따뜻한 우유는 잠을 잘 오게 한다고 하길래 초코 우유, 딸기 우유, 바나나 우유 중 어떤 우유가 제일 잠을 먼저 오게 하는지 실험해보았다.

3개의 컵에 각각의 우유를 따라 놓고 동생과 동생 친구 2명에게 마시라고 했다.

우유를 마시고 1시간 9분이 지나자 초코 우유를 먹은 아이가 가장 먼저 잠이 들었다. 그 뒤로 바나나 우유를 먹은 아이가 잠이 들었고, 마지막으로 딸기 우유를 먹은 아이가 잠이 들었다.

● 송양은 가장 간편하고 빠르게 상한 우유를 구별하는 방법을 알아보았다.

유통기한이 조금 지난 우유와 신선한 우유를 200ml 준비하고, 맨눈, 냄새, 촉감을 이용해 비교해보았다. 색깔과 덩어리 크기에 차이가 없어 맨눈으로는 구별할 수 없었다. 상한 우유에서 조금 더 비릿한 냄새가 나기는 했지만 확실하게 구별되지 않았다. 만져보았을 때도 두 가지 모두 미끌미끌하다는 느낌을 받았을 뿐 구별할 수 없었다.

이번에는 2개의 컵에 물 100ml를 넣고 두 종류의 우유를 1ml씩 떨어뜨렸다. 신선한 우유는 대부분 아래로 가라앉은 반면 상한 우유는 대부분 가라앉지 않고 위에 퍼져 있었다.

● 김양은 식탁보에 과일물이 든 것을 보고 어떤 물에 담가두면 과일물이 가장 잘 지워질지 실험해보았다.

서해안에서 떠온 바닷물과 식초와 물을 1:1 비율로 섞은 식초물, 설탕과 물을 1:2로 섞은 설탕물, 맹물 200g을 준비했다. 하얀 천에 포도즙을 묻힌 후 네 가지의 물에 1시간 담가둔 후 꺼내어 말렸다. 식초〉설탕〉맹물〉바닷물순으로 포도즙이 지워졌다.

● 조양은 가족과 함께 포도를 먹다가 윗옷에 포도물이 묻든 것을 보고 어떤 물에 빨면 포도물이 잘 지워질지 실험해보았다.

흰 천 4개에 포도물을 들인 후 맹물과 식초, 비누, 표백제를 넣은 물에 담궈 변화를 관찰했다. 2일 후 비눗물에 담궈둔 것이 가장 잘 지워졌고, 그 다음 표백제, 맹물, 식초순으로 지워졌다.

● 문양은 빨래할 때 쓰는 빨랫비누와 합성세제, 설거지할 때 쓰는 주방용 세제 중 어떤 것이 가장 때를 잘 지울지 실험해보았다.

앞치마에 먹물을 붓고 빨랫비누, 합성세제, 주방용 세제로 지워보았다. 빨랫비누는 먹물 자국이 보이지 않을 정도로 잘 지워졌으며, 의류용 합성세제가 두 번째로 잘 지워졌다. 주방용 세제가 먹물 자국이 가장 많이 남았다.

검정색 잉크를 사용해서 같은 실험을 해보았다. 결과는 비슷했다. 의류용 합성세제가 가장 잘 지워질 것으로 예상했는데 그렇지 않았다.

● 김양은 빨래를 널면서 옷이 마르는 것을 보고 어떤 천이 더 빨리 마르는지 여러 가지 천에 물을 뿌려 실험해보았다.

나일론은 물을 잘 흡수하지 않았지만 마르는 것이 빨랐고, 폴리에스테르는 물을 흡수하는 것과 마른 것이 둘 다 늦었으며, 면은 물을 잘 흡수했지만 마르는 것이 늦었다.

마가 대체로 물을 흡수하는 것과 마르는 것이 빨랐고, 실크도 흡수하는 것과 마르는 것이 빨랐다.

● 박양은 더운 여름날 과일을 먹으면서 '숯, 치자, 황토 등으로

염색을 하는데 과일로도 염색이 가능할까? 하는 생각이 들었다. 박양은 과일로 염색할 수 있다면 색깔만 예쁜 것이 아니라 과일 냄새까지 나게 되어 참 좋을 것 같았다.

박양은 수박, 참외, 자두, 오렌지, 자몽, 가지, 포도, 오이, 고구마, 토마토, 파인애플, 복숭아, 사과를 즙을 내어 천에 염색했다. 과일을 갈 때 향이 좋았고 색깔도 예뻤다. 그런데 염색을 하고 말리고 나니 과일의 천연색이 나오질 않았다. 그리고 과일의 건더기가 묻은 것은 처리하기가 참 힘들었다.

과일즙으로 염색한 천에서는 과일 냄새가 남아 있었다.

박양이 해보니 과일로 염색할 때 식초 몇 방울을 떨어뜨리면 염색이 더 잘 되었다고 한다.

● 최양은 여름옷을 정리하다가 보니 옷의 색상이 흰색과 파란색 계열이 유난히 많았다. 순간, 최양은 다른 여자들도 그럴지 궁금해졌다. 그래서 우리 나라 여자들은 여름에 무슨 색의 옷을 많이 입는지 알아보았다.

8월 9일부터 12일까지 매일 저녁 5시부터 6시까지 S대학교 정문 앞에서 여자만 대상으로 조사했다.

총 500명을 조사했다. 이 중 흰색 옷을 입고 다닌 여자는 161명, 파란색 계열의 옷을 입은 여자는 82명, 검은색 계열은 71명, 노란색 계열은 67명, 초록색 계열은 63명, 빨간색 계열은 56명이었다.

최양은 이번 조사를 시작하면서 검은색 계열의 옷을 가장 안 입고 다닐 것으로 생각했는데 실제 조사 결과 그렇지 않았다.

● 문양은 전에 과학 선생님이 냉장고에 빨래를 널면 잘 마른다는 말이 떠올라 실험해보았다.

문양은 냉장고의 따뜻한 곳에 물에 적신 종이를 놓고 선풍기에도 젖은 종이를 붙였다. 그리고 선풍기 바람을 미풍, 약풍, 강풍으로 1분씩 말렸고, 냉장고에는 1분 동안 종이를 붙여놓았다.

분양은 실험 후, 오호! 감탄할 수 밖에 없었다. 실로 냉장고의 힘을 대단했다.

미풍, 약풍일 때 종이가 조금씩 더 빨리 마르기는 했지만, 냉장고의 위력 앞에서는 모두 무릎을 꿇어야 했다.

▶ 봉숭아물이 드는 이유는?

봉숭아물이 드는 이유는 봉숭아 속에 들어 있는 매염염료 때문이다. 매염염료란 섬유 재료에 직접 친화성이 없어서 매염을 필요로 하는 염료다. 또한 매염제는 섬유에 염료를 연결시켜 염색을 완성시키는 약제로 봉숭아물의 경우 백반이 매염제로 사용되며 봉숭아에 들어 있는 주황염료도 일종의 매염염료의 성징을 띤다.

▶ 갈변이 일어나는 이유는?

감자, 사과, 바나나, 홍차 같은 식물성 물질의 조직 속에는 카테킨, 갈릭산, 티록신 등의 페놀성 화합물이 들어 있는데, 이 화합물이 산소와 만나 산화하게 되면 갈색 물질을 만들어낸다.

▶ 어떤 재질의 컵에서 물이 잘 얼까?

정확한 실험을 하기 위해서는 변인 통제를 잘 해야 한다. 컵의 모양(표면적을 통일)과 물의 양을 같게 해야 한다. 그래야 재질에 따른 차이를 정확하게 알아볼 수 있다.

▶ 곰팡이는 어떻게 생겼을까?

곰팡이는 나뭇가지처럼 생긴 실 모양의 균사체로 이루어져 있으며, 유성 또는 무성생식으로 포자를 만들어 번식하는 생물이다. 몸

밖에서 유기물을 분해하고 분해된 영양분을 흡수하여 살아간다. 곰 팡이는 지구상에 약 150만 종이 있다고 추정되지만 지금까지 약 7 만 종만 보고되고 있다.

▶ 곰팡이의 종류에는 어떤 것이 있을까?

곰팡이는 진균류에 속하는 미생물로 보통 가는 실모양의 균사로 되어 있다. 우리 주변에서 볼 수 있는 곰팡이로는 간장, 된장, 술을 만들 때 사용되는 누런색의 누룩곰팡이와 음식물을 빨리 썩게 만들 지만 페니실린의 원료로 이용되는 푸른곰팡이가 있다. 또한 빵에 자주 생기는 붉은빵곰팡이와 벼, 보리에 잘 생기는 깜부기 균도 있 다. 참고로 사람의 발에 생기는 무좀도 곰팡이의 일종이다.

▶ 터치 스위치의 원리는 무엇일까?

인버터 스탠드에 흔히 사용되는 터치 스위치는 손가락만 닿아도 작동하도록 되어 있다. 터치 스위치는 전기가 잘 통하는 도체 성질 의 표면에 약한 전류를 흐르게 만든다. 이때 손가락을 스위치에 갖 다 대면 표면에 흐르던 전류가 손가락을 따라 우리 몸속으로 흐르게 되고, 손가락이 닿는 부분의 전류량이 줄어들면 스탠드에 내장된 회 로가 전류 변화를 감지하여 스탠드를 끄거나 밝기를 변화시키는 것 이다. 이때 손 대신 동전이나 철사 등 전류가 잘 흐르는 도체를 스위치에 대면 도체를 따라 우리 몸속으로 전류가 흐르게 되어 스위치가 작동하지만 고무나 종이 등 부도체를 대면 전류가 흐르지 못하므로 스위치가 작동하지 않게 된다.

▶ 알약의 성분은 무엇일까?

알약의 캡슐은 젤라틴이라는 성분으로 만들어진다. 젤라틴은 동물의 힘줄, 연골을 구성하는 콜라겐에서 얻어지는 단백질의 일종이다. 젤라틴으로 만든 캡슐은 대부분은 강한 산성을 띠는 위에서 분해되어 소장에서 흡수된다. 하지만 일부는 위산에 녹지 않고 약한 알칼리성을 띠는 소장에서만 녹도록 만들어진 것도 있다.

대부분의 주스나 음료수에는 비타민 C와 산을 포함하기 때문에 캡슐 속의 가루약과 반응하여 인체에 해를 줄 수 있다. 예를 들어 해열제인 아스피린은 위를 자극시키는 성분이 포함되어 있기 때문에 주스와 함께 복용하면 위를 자극하여 심할 경우 위 점막에 출혈이 생길 수도 있다.

▶ 달걀을 삶을 때 소금을 넣으면 어떻게 될까?

소금물은 순수한 물에 비해 끓는점이 높다. 소금물에는 물(용매)과 소금(용질)이 혼합되어 있다. 순수한 물이 끓게 되면 물은 물 분자 사이의 인력(수소 결합)을 끊고 공기 중으로 날아가게 되는데, 소금이 물 분자 사이에 섞여 있으면 물 분자가 기화하는 것을 방해하게 되고 물은 더 높은 열에너지를 받아야 기화하게 된다. 이런 이유로 진한 소금물일수록 끓는점이 높아지게 된다. 때문에 소금물에 달걀을 삶으면 맹물보다 높은 온도에서 삶는 셈이 되어 더 빨리 익게 되는 것이다.

또 하나 소금물로 계란을 삶으면 흰자가 잘 터지지 않아 깨끗하게 삶을 수 있다. 소금은 계란의 단백질을 엉기게 만들어주는 성질이 있기 때문에 삶는 도중 달걀에 금이 가서 흰자가 새어나오더라도 나오는 즉시 응고되어 달걀이 터지는 것을 막아주기 때문이다.

▶ 식초와 양초로 쓴 비밀편지의 원리는?

식초의 주성분은 아세트산으로 종이에 식초로 글씨를 쓴 후 가열하게 되면 종이(셀룰로오스)에 포함된 수분을 빼앗아 날아간다. 이때 수분을 잃은 부분은 주로 검은 탄소 성분이 남게 되기 때문에 처음에 보이지 않았던 글씨가 나타나게 되는 것이다.

양초로 쓴 글씨의 경우 가열하는 것 보다는 물을 적시는 것이 좋다. 양초의 파라핀 성분은 물에 잘 젖지 않기 때문에 종이를 물에 담그면 젖는 부분과 그렇지 않은 부분이 구별되어 글씨를 알아볼 수 있게 된다.

▶ 안경이나 거울에 김 서림을 방지하려면?

안경이나 거울이 뿌옇게 되는 이유는 표면에 작은 물방울들이 달라붙어 있기 때문이다(물과 유리는 서로 친화성이 좋지 않아서 유리 표면의 작은 물방울들이 동그랗게 맺히게 되는 것이다). 이때 계면활성제를 거울 표면에 바르면 작은 물방울들이 서로 합쳐져서 투명한 물 막을 이루게 되어 뿌연 거울이 투명하게 되는 것이다. 계면활성제는 액체가 동그랗게 뭉치는 표면장력을 약하게 만들어 물방울끼리 서로 합쳐지게 만들며, 유리와 물의 친화력을 좋게 만들어주어 물이 유리 표면에 넓게 퍼지게 만든다. 우리 주변에서 쉽게 구할 수 있는 계면활성제로는 식기세척용 세제, 샴푸 등이 있다.

참고로 유리에 감자즙을 바른 다음 찌꺼기만 살짝 닦아내면 시중에서 파는 김 서림 방지액과 같은 효과를 얻을 수 있다.

▶ 식초로 머리감는 것이 좋은 이유는?

머리카락의 주성분은 단백질이다. 머리카락은 색소를 지니고 있는 중심부를 얇은 반투명 비늘 모양의 각피가 둘러싸고 있으며 주변의 피지선에서 나온 물질들이 새로 나오는 머리카락을 반들거리게 한다. 보통 머리를 감기 위해서는 샴푸와 린스를 이용하는데 이중 샴푸는 단백질을 녹이는 염기성으로 죽은 세포와 먼지, 기름기를 제거해주고, 린스는 약산성으로 머리카락에 보호막을 만들어주는 역할을 한다. 머리카락의 윤기와 탄력성을 유지하기 위해서는 샴푸의 산성도 조절이 매우 중요한데 머리카락 강도는 약간 산성일 때 가장 크며, 산성도가 4~6일 때 가장 좋다. 머리카락이 약산성일 때는 각피가 머리카락 중심부에 정돈된 모습으로 들러붙어 빛을 일정하게 반사하므로 윤기가 나지만 염기성일 때는 머리카락 각피가 팽창해 부스스하게 되어 빛이 사방으로 반사된다. 때문에 머리카락을 헹구는 물에 식초를 몇 방울 넣게 되면 물이 약산성으로 변하게 되어 머리카락이 윤기 있게 보이는 것이다.

▶ 뜨거운 물이 빨리 언다?

단순히 생각하면 뜨거운 물보다 찬물이 빨리 식어서 언다고 할 수 있다. 그러나 뜨거운 물에서는 증발이 매우 활발히 일어나며 이 때문에 뜨거운 물이 미지근한 물보다 빨리 식어서 먼저 언다.

증발은 물이 수증기로 되는 현상인데 끓음과 달리 액체 표면에서만 일어난다. 물 분자가 증발할 때에는 주변에 있는 물 분자들의 열에너지를 빼앗게 되어 결과적으로 남은 물의 온도를 떨어지게 만든다. 때문에 증발 현상이 활발하게 일어나는 뜨거운 물의 온도가 더 빨리 내려가기 때문에 먼저 얼게 되는 것이다. 물론 항상 뜨거운 물이 찬물보다 빨리 어는 것은 아니며 물이 활발하게 증발할 정도로 충분히 뜨겁고 물의 표면이 넓은 경우 이런 일이 생길 수 있다.

▶ 잠이 잘 오지 않을 때 따뜻한 우유 한 잔이 어떨까?

잠이 잘 오지 않을 때 우유를 따뜻하게 데워서 마시면 잠이 잘 온다고 한다. 우유에는 트립토판이라는 아미노산이 많이 함유되어 있다. 잠을 잘 자지 못하는 이유 중 하나는 뇌 속의 신경전달 물질인 세로토닌이 부족하기 때문인데 세로토닌은 트립토판으로부터 만들어지기 때문에 우유에 함유된 트립토판이 잠을 잘 오게 하는 물질을 공급하는 역할을 한다.

배고픈 상태에서는 잠들기 어렵기 때문에 가벼운 간식, 특히 트립토판이 많이 함유된 우유, 치즈, 바나나 등의 간식을 먹으면 잠자는데 도움이 된다. 무기질의 하나인 칼슘도 잠 오는 효과가 있다고 하는데 우유에는 칼슘도 풍부하니 더할 나위 없이 좋은 식품이라고 할 수 있겠다. 그리고 이왕이면 차게 마시는 것보다는 따뜻하게 데워마시면 근육이 이완되면서 더 쉽게 잘 수 있다.

▶ 왜 불은 모두 빨간색일까?

일반적으로 '불' 하면 빨간색이 떠오르지만 흰색, 파란색 불도 있다. 불의 색은 온도와 깊은 관계가 있는데 빨간색은 비교적 온도가 낮은 불이며 주황색, 노란색, 흰색, 파란색으로 갈수록 온도가 높은 불에 속한다. 때문에 높은 온도의 가스레인지 불은 파란색으로 보이지만 면봉에 불을 옮겼을 때에는 온도가 낮아져 빨간색으로 보이는 것이다.

하늘에 떠 있는 별도 마찬가지여서 태양과 같은 주황색 별 보다는 푸른색을 띠는 별이 더 고온이므로 별의 색을 관찰하면 직접 가보지 않고도 별의 온도를 알 수 있다.

▶ 끈적끈적한 껌은 어떻게 만들어졌을까?

껌의 기원은 고대 그리스와 마야 시대까지 거슬러올라간다. 기록에 의하면 고대 그리스에서는 유향수라는 나무의 수지로 껌 같은 물질을 만들어 씹었다고 하며, 마야에서도 사포딜라 나무의 수액을 채

취한 후 끓여서 만든 치클을 씹었다고 전해진다. 유향수의 수지나 사포딜라 나무의 수액은 껌 용도로 알맞게 끈적끈적했기 때문이다.

　최근에 만들어지는 껌들도 끈적하기는 마찬가지로 껌의 성분은 껌 베이스에 당분, 포도당 시럽, 연화제(딱딱하지 않고 부드럽게 만들어 주는 물질), 향료, 색소 등이 포함된다. 무설탕 껌은 당분과 포도당 시럽 대신에 솔비톨이나 아스파탐과 같은 설탕 대용물이 이용되고 있다.

　이런 끈적한 껌을 잘 처리하지 않고 버리면 아무데나 들러붙어 매우 곤란하다. 예를 들어 중국의 경우 1년 동안 내뱉는 껌의 양이 20억 개에 이르며 춘절 1주일 동안 천안문 광장의 바닥에 버려진 껌을 제거하는데 1억이 넘게 소요된다고 한다. 때문에 많은 과학자들이 바닥에 달라붙지 않는 껌이나 생분해되는 껌을 개발하기 위해 고심하고 있다.

　▶ 물에 넣은 얼음이 깨지는 이유는?

　얼음은 온도에 따라 부피가 달라지는데 얼음을 물에 넣으면 온도가 급격히 상승하는 얼음표면과 온도가 어느 정도 유지되는 얼음 내부의 팽창률이 달라져서 깨지게 되는 것이다. 또한 얼음내부의 기포가 많을수록 기포속의 공기와 얼음의 팽창률이 다르므로 더 잘 깨지게 된다. 그리고 식용유의 경우 물보다 열전도율이 낮아서(열을 천천히 전도하기 때문에) 얼음의 온도가 천천히 변하게 되기 때문에 깨지는 현상이 잘 일어나지 않는 것이다.

4장

거꾸로 서서 음식을 먹으면

어떻게 될까?

● 정양은 거울을 보고 눈속을 만져보았다. 눈의 흰자위를 만지면 아프지 않았지만, 검은 자위를 만지니 무척 아팠다.

● 이양은 밤에 불을 켜고 자면 숙면에 지장이 있는지 실험해보았다. 불을 켜고 잤더니 잠을 자도 잔 것 같지 않고 피곤했다고 한다.

● 유양은 식구들에게 막 화를 낸 뒤에 밥을 먹으면 항상 체한다는 걸 알았다. 평소에 기분 좋을 때는 괜찮은데….

● 최양은 동생의 얼굴에 멍이 든 것을 보고 멍이 든 곳에 달걀을 문지르면 좋다는 이야기를 들은 기억이 나서, 동생 얼굴을 한참 동안 문질러주었다. 멍이 조금 없어졌고, 달걀을 깨뜨려보았더니 노른자가 풀려 있었다.

 →

● 윤양은 집에 있는 형광등을 10초 이상 바라보
았더니 눈앞에 이상한 물체가 아
른거렸다고 한다.

● 박양은 자세에 따라 집중력이
다른지 실험해보
았다. 영어단어
를 외울 때 엎드려서 외운 것보다 책상에
앉아서 꼿꼿하게 등을 편 뒤 외우니 더 잘
외워졌다.

● 진양은 예쁜 여자가 지나가면 위아래로 쳐다보
는 아저씨들을 종종 보면서 할아버지들도 그런지 관
찰해보았다. 버스를 타고 할아버지들을 유심히 지켜보았는데,
할아버지들도 안 보는 척하면서 예쁜 여자가 지나가면 위아래로
훑어보았다.

● 오양은 동생과 한 발을 들고 균형잡기를 했는데 동생이 자기는 원래 균형을 잘 잡는다면서 눈을 감고 하자고 했고, 오양은 흔쾌히 그러자고 했다. 하지만 균형을 잘 잡는다던 동생은 몇 초도 안 돼서 넘어졌다. 오양은 넘어진 동생을 보고 눈을 감고 균형을 잡을 때와 눈을 뜨고 균형을 잡을 때 얼마나 차이가 나는지 실험해보기로 했다.

여러 사람에게 눈을 뜨고 균형을 잡게 한 다음 시간을 재고, 다음에는 눈을 감고 균형을 잡게 한 다음 시간을 재보았다.

그 결과, 눈을 뜨고 균형을 잡을 때에는 평균 57초를 버틸 수 있었지만, 눈을 감을 때에는 평균 29.7초를 서 있을 수 있었다. 대부분은 눈을 뜨고 균형을 잡는 것이 눈을 감고 균형을 잡았을 때보다 더 균형을 잘 잡는다는 것을 알 수 있었다. 눈을 감았을 때에는 발바닥의 느낌으로 균형을 잡아야 했다고 한다.

● 조양은 화장실에서 용변을 보던 중 갑자기 '사람은 음식을 먹

은 후 얼마가 지나면 대소변이 마려
울까? 하는 생각이 들어 직접 실험
해보았는데, 음식을 먹은 후 2시간 3분이
지나면 소화가 된다는 결론을 내렸다. 그리고
음식을 많이 먹을 때보다 적게 먹을 때,
짠 음식을 먹을 경우 소화가 더 빨리
된다는 것을 알았다.

● 박양은 생물시간에 소화에 대해 배울 때 '사람이 거꾸로 서서
도 음식을 먹을 수 있다'고 배웠다. 그런데 진짜 그런지 궁금해
서 직접 실험해보았다.

머리가 아프지 않게 바닥에 이불, 베개 등을 깔아 놓은 후 물
구나무를 서서 음식을 조금씩 먹어보았다. 음료수는 거꾸로 마
셔도 그렇게 큰 지장은 없었다. 그러나 밥이나 빵 같은 것은 먹
을 때도 힘들었고, 먹고 나서도 힘들었다. 먹고 나서도 소화되는
시간이 평소보다 조금 더 걸렸다.

● 조양은 요즘 갑자기 늘어난 몸무게를 '어떻게 하면 효과적으
로 뺄 수 있을지 고민하다가 가장 효과적인 다이어트 방법을 직
접 체험해보기로 했다.

네 가지 다이어트 방법을 3일 동안 실시한 후 몸무게를 쟀다.

1. 먹고 싶을 때 마구 먹고 운동도 걷기밖에 안 했다. 밤에 배

고프면 라면도 끓여 먹었다. 평소 몸무게보다 3kg까지 늘었다.

2. 식전에 초콜릿 2, 3조각을 먹었다. 평소 몸무게보다 2kg 늘었다.

3. 아침에 사과, 점심에 오렌지, 저녁에 바나나를 한 개씩 먹었다. 평소 몸무게보다 1kg 늘었다.

4. 아침과 저녁에 평소처럼 밥을 먹고 점심때만 사과를 한 개 반 정도를 먹었다. 평소 몸무게보다 1kg 늘었다.

박양은 마지막으로 밥을 조금 먹고 운동하는 방법이 가장 효과적이라는 생각이 들어서 해보았다. 그런데 실험 결과는 다르게 나왔다. 그 이유는 밥을 적게 먹은 대신 반찬을 많이 먹었기 때문이라고 한다.

● 주양은 엄마와 운동을 한 뒤 몸무게를 재어보았다. 몸무게가 조금 줄어 있었다. 주양은 '혹시 운동뿐만 아니라 다른 상황에서도 몸무게 변화가 있을까?' 하는 생각이 들었다.

그래서 운동과 목욕, 밥을 먹은 후와 잠을 나고 난 후의 몸무게 변화

-1.6kg ↓

를 알아보았다.

잠을 자고 난 후 0.7kg이 빠졌다. 목욕 후는 0.8kg, 한 끼 식사 후는 0.6kg이 늘었다. 줄넘기를 1,000번 한 후의 몸무게는 운동 전에 비해 1.6kg이 줄었다.

● 유양은 잘 자라지 않는 손톱을 보고 일주일에 보통 손톱이 얼만큼 자라는지 지켜보았다. 실험 결과 일주일 동안 2mm 자랐다.

● 고양은 '사람이 한쪽 눈만 가지고 태어난다면 지금처럼 양쪽 눈일 때와 어떤 차이가 있을지 의문이 들었다. 또 오른손잡이나 왼손잡이가 있는 것처럼 오른눈잡이나 왼눈잡이가 있을지 궁금해서 직접 해보았다.

한쪽 눈을 가리고 10분 정도 지난 다음 반대쪽 손을 뻗어 물건을 잡아보았다. 잘 잡히지 않았다. 또 고양은 한쪽 눈을 가리고 두 연필의 끝을 맞추어보았다. 두 눈을 뜨고 맞추었을 때는 20번 시도해서 12번을 맞출 수 있었는데, 한쪽 눈을 가리고 했더니 한 번밖에 맞추지 못했다. 한쪽 눈을 가리면 거리감을 잘 느끼지 못했다.

한쪽 손의 엄지손가락과 집게손가락을 이용하여 동그라미를 만든 다음 두 눈으로 동시에 이 구멍을 통해 문 손잡이를 본 후 번갈아 오른쪽 눈과 왼쪽 눈을 가려보았다. 왼쪽 눈을 가렸을 때 즉, 오른쪽 눈으로 보았을 때 문 손잡이가 보였다. 알고 보니 카메라를 볼 때나 바늘에 실을 꿸 때 오른쪽 눈을 사용했다. 고양은 자신이 오른눈잡이라고 생각했다.

● 신양은 손톱이 0.5cm 자라려면 얼마나 걸리는지 알아보았다. 신양은 약 15일, 신양의 엄마는 14일, 아빠는 20일, 동생은 13일 걸렸다. 나이가 어릴수록 손톱이 빨리 자란다는 사실을 알 수 있었다.

이번에 신양은 관절의 위치에 따른 수작업 능력을 알아보고 싶었다. 손가락 끝, 손가락이 시작되는 부위, 손등, 손목, 팔꿈치에 펜을 묶어 숫자를 써보았다.

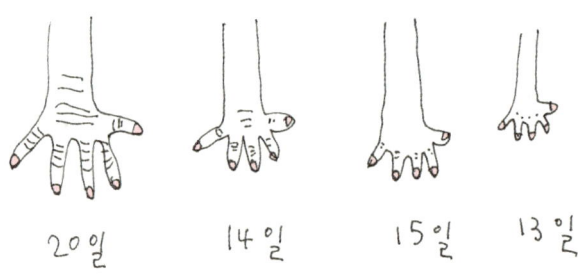

손가락 끝에 펜을 묶었을 때가 제일 알아보기 쉬웠다. 손등에

펜을 묶었을 때는 글씨가 구불구불하고 또박또박 써지지 않았다. 팔꿈치에 묶은 경우 숫자 5가 거의 알아보기 어렵게 써졌다. 특히 팔목을 사용한 경우와 그렇지 않은 경우 글씨가 확연하게 차이가 났다. 신양은 글씨 쓰기와 같은 세밀한 수작업에서 팔목 관절이 중요한 역할을 한다는 것을 알 수 있었다고 한다.

● 변양은 친구와 눈싸움을 하는데 오랫동안 눈을 깜빡이지 않았더니 눈이 점점 아파오고 빨개졌다. 그때 사람이 눈을 감지 않고 몇 분 동안 참을 수 있는지 궁금했다.

처음에 변양은 눈이 나쁘거나 나이가 많은 사람일수록 오랫동안 눈을 뜨고 있지 못할 것으로 생각했다. 그러나 실험 결과, 오히려 나이가 적은 사람일수록 오랫동안 눈을 뜨고 있지 못했다. 그리고 눈이 나쁜 것과 눈을 오랫동안 뜨고 있는 것은 상관이 없다는 것도 알았다.

● 임양은 눈을 뜨고 얼마나 있으면 눈물이 나고 충혈될지 실험해 보았다. 1분은 지나야 눈물이 나고 충혈될 것으로 예상했는데, 실험 결과 50초를 채 버티지 못하고 "눈 아파"라는 말이 나왔다고 한다.

● 장양은 숨을 얼마나 참을 수 있을지 10일 동안 매일 숨을 참을 수 있는 시간을 측정했다. 첫날 숨을 참은 시간은 16초였다.

실험 기간 동안 장양이 가장 오래 참은 것은 55초였다. 숨을 참다 보니 머릿속이 어지럽고 심장이 빨리 뛰었다고 한다.

● 차양은 목욕하면 손이 쭈글쭈글해지는 것이 신기해서 엄마와 목욕탕에 가서 실험해보았다.

1시간 45분 동안 목욕을 끝내고, 10분 정도 지나니 손에 쭈글쭈글한 것이 많이 없어졌지만, 완전히 없어지지는 않았다. 차양은 40분, 차양의 엄마는 1시간이 지나서야 완전히 없어졌다.

다음 날에도 1시간 45분 동안 목욕했는데, 이번에는 10분 만에 모두 없어졌다.

● 송양은 200ml짜리 컵으로 한자리에서 과연 몇 컵의 물을 마실 수 있는지 해보았다. 두 컵째까지는 순조롭게 마실 수 있었지

만 다섯 컵째부터는 손과 다리에 떨림이 느껴졌으며, 여덟 컵째에는 온몸이 떨려왔다. 목이 계속 껄끄러웠다.

아홉 컵째에 송양은 자신이 왜 이런 실험을 시작했을까 하는 생각이 들었고, 열한 컵째에는 더 이상 실험하기 힘들어서 아쉬움 반 기쁨 반으로 포기했다.

송양은 이번 실험을 끝내고 밤새 화장실을 다녀와야 했다고 한다(적어도 5분 간격으로 13번 화장실을 갔는데 아주 고역이었다).

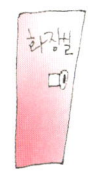

● 인양은 누런 이가 하얗게 되려면 약을 사용하는 방법밖에 없는지 궁금했다. 그래서 하루 3번 3분 이상 양치질을 해서 변화를 살펴보기로 했다.

첫째 날과 둘째 날에 이가 조금 하얗게 변하는 것 같더니 그후부터는 변화가 없었다.

● 홍양이 관찰한 결과 손톱은 삐뚤삐뚤하게 잘라도 며칠 후에 보면 다시 고르게 자라 있었다.

홍양의 생각으로는 손을 사용하면서 조금씩 닳는 것 같아서 오른쪽 왼쪽 손톱을 모두 삐뚤게 자른 후에 되도록 오른손을 사용하고 왼손은 사용하지 않으려고 했다.

며칠 뒤 보니 오른쪽 손톱은 닳아서 고르게 자라 있었고, 왼쪽 손톱은 삐뚤삐뚤한 채 그대로 자라고 있었다.

● 유양은 더울 때 무엇을 걸치고 있으면 덜 덥다는 말을 듣고 찜질방에 가서 실험해보았다. 불가마에 들어가서 아무것도 걸치지 않고 10분 동안 있었더니 땀이 흘렀다. 그 다음으로 수건 2장을 머리에 걸치고 있었더니 땀도 덜 흘렸고, 별로 덥지도 않았다고 한다.

1장

2장

● 정양은 쉬운 일을 할 때 흔히 '누워서 떡 먹기' 라는 속담을 쓰는데 정말 누워서 떡 먹기가 쉬울까? 라는 의문이 들어 실험해보았다. 바닥에 누워서 가로 세로 5cm의 찹쌀떡을 먹었다.

그런데 정양은 옆에 물을 놓아
두지 않아서 목이 메어서 죽을 뻔
했다고 한다. 결코 누워서 떡 먹기
란 쉽지 않은 일이었다.

　정양은 앞으로 쉬운 일을 말할 때에는
'누워서 떡 먹다가 체하는 것보다 더 쉬
운 일'이라고 말해야 한다고 생각했다.

● 황양은 무릎을 꿇고 얼마나 오래 앉아 있어야 다리가 아픈지
해보았다.

　무릎을 꿇은 지

2분째 : 아직까지는 견딜 만하다.

4분째 : 다리가 살짝 아프다(사실 다리보다는 엉덩이가 더 아프다).

6분째 : 엉덩이는 계속 아프고 종아리와 허벅지 뒤쪽이 슬슬
　　　　아파왔다.

　10분째 : 발등부터 시작해서
발목, 종아리, 무릎관절, 엉덩
이까지 골고루 아팠다.

　황양은 엉덩이가 너무 쑤셔
서 실험을 중단하고 일어났더니 땀이 나면
서 전기처럼 찌릿찌릿한 느낌이 서서히
올라오는 것을 느꼈다. 일어

나고 30초 정도 있으니 발등이 아팠다.

● 정양은 텔레비전을 가까이에서 보면 눈이 나빠진다는 말을 약간 변화시켜서 텔레비전을 어느 정도 거리에서 봐야 눈이 아픈지 실험해보았다.

일단, 텔레비전에서 1m 정도 떨어진 곳에서 2분 동안 보았다. 눈은 아프지 않았다. 그리고 30cm 정도 앞으로 가서 또 2분 정

도 보았다. 역시 이 정도 거리에서도 눈은 아프지 않았다. 그래서 마지막 방법으로 텔레비전에 딱 붙어서 2분간 텔레비전을 보았다.

그런데도 눈이 아프지 않았

다. 정양은 아무리 봐도 눈이 아프지 않아서 실험을 그만두었다. 눈이 아픈 대신 머리카락만 텔레비전에 쩍 붙어 보기 흉하게 되었다고 한다.

● 길양은 그냥 숨을 참는 것과 볼에 바람을 넣고 숨을 참는 것 중 어떤 경우에 더 오래 숨을 참을 수 있는지 시간을 재보았다. 그냥 숨을 참는 것은 약 38초 정도 숨을

참을 수 있었다. 그와 반대로 볼에 바람을 넣고 해보니 1분 넘게 참을 수 있었다.

● 최양은 사람 손가락의 지문은 물건을 닿을 때 미끄러짐을 방지 한다고 들었다. 그래서 넘어가는 의자를 손가락으로 지탱시켰더니 의자가 쓰러지지 않았다.

　다음에는 손가락에 종이를 붙이고 의자를 지탱시켜보았더니 곧바로 의자가 쓰러져버렸다. 손가락에 힘을 세게 주어도 의자는 쓰러졌다. 최양은 이 실험으로 지문이 미끄럼 방지효과가 있다는 것을 확실히 알게 되었다.

● 주양은 맨살에 훌라후프를 하면 어떻게 될지 해보았다.

　처음엔 훌라후프가 맨살에 닿는 느낌이 차가워서 잘하지 못했지만 30초 정도가 지나자 익숙해졌다.

　훌라후프를 한 지 1분이 지나자 아랫배가 아파왔으며, 2분이 되자 배 전체가 아파왔다. 3분이 지나자 배가 간지럽고 따가웠

다. 4분 50초가 지났을 때 훌라
후프가 동생과 부딪히면서
그만둘 수밖에 없었다.

실험이 끝났지만 한동안 배가 따갑
고 아팠다고 한다.

● 전양은 머리카락 중 어느 쪽에서 자란 머리카락을 뽑을 때 가
장 아픈지 뽑아보기로 했다.

앞머리 쪽은 그렇게 아프지 않았고, 정수리 쪽에서 뽑았을 때
에는 조금 따끔했다.

귀 뒤쪽에서 뽑았을 때에는 상당히 아팠고, 뒷머리를 뽑을 때
에는 조금 따끔했다.

실험 결과, 귀 뒤쪽의 머리카락을 뽑을 때가 가장 많이 아팠다
고 한다.

● 윤양은 오줌을 몇 시간 동안 참을 수 있을까 궁금해서 7월 15
일 아침 6시부터 실험을 시작했다.
오후 12시 55분쯤 되자 오줌이 마려
웠는데, 참는 순간 찌릿찌릿한
느낌이 들었다.
오후 4시 20분에 집에 돌아왔는데
오줌이 찔끔찔끔 나오려는 것을 참

을 수 없어서 실험 시작 10시간 20분 만에 실험을 끝냈다.

● 임양이 알기로 모기는 잘 씻지 않는 몸을 좋아해서 그런 사람들을 잘 문다고 한다. 임양은 운동을 한 후 씻지 않고 소파에 앉아 있어 보았다. 그러자 모기가 점차 몰리더니 임양도 모르는 사이에 세 방이나 물려버렸다.

이번엔 운동을 하고 목욕을 한 뒤 소파에 앉아 있었더니 모기에 물리지 않았다. 임양은 땀을 흘리거나 운동을 한 후에는 꼭 씻어야 모기에 물리지 않는다는 걸 알았다.

● 강양은 언제였는지 기억은 잘 나지 않지만, 입을 쩍 벌리고 가만히 있으면 입천장이 바짝 말라서 재미있었던 기억이 났다. 그래서 이번에는 그 시간이 어느 정도 걸리는지 재보았다.

처음에는 침이 마구마구 고여 실험할 수 없었다. 그래서 계획을 바꾸어 선풍기 바람을 강하게 해놓고 그 앞에서 잎을 벌리고 있었다. 핸드폰 시계로 정확히 1분 51초 걸렸다.

● **최양**은 어떤 액체에 손가락을 담갔을 때 가장 많이 쭈글쭈글해지는지 해보았다. 찬물에 손을 담근 다음 2시간 동안 관찰한 결과,

　20분 : 별다른 변화가 없다.

　40분 : 손가락 끝이 말랑말랑해지고 약간 쭈글쭈글해졌다.

　1시간 : 많이 사용하는 엄지, 검지가 가장 쭈글쭈글해지고 손
　　　　　바닥도 약간 부풀었다.

　1시간 20분 : 1시간이었을 때와 별로 달라진 게 없었다.

　1시간 40분 : 손가락은 많이 쭈글쭈글해졌지만 다른 부분은
약간 부풀뿐이었다.

　수돗물과 설탕물, 콜라에 손을 담근 후 관찰한 결과,

　수돗물 : 손가락 주위로 많이 쭈글쭈글해졌다.

　설탕물 : 다른 액체에 비해 덜 쭈글쭈글해졌다.

　콜라 : 물과 비슷하지만 만져볼 때 말랑거
리는 느낌이 덜했다.

　확실히 물에 담갔을 때 가장 쭈글
쭈글해졌다.

　그렇다면 찬물과 더운물 중 어느
쪽이 손을 더 쭈글쭈글하게 할까?

　실험 결과, 시간이 오래 지날수록

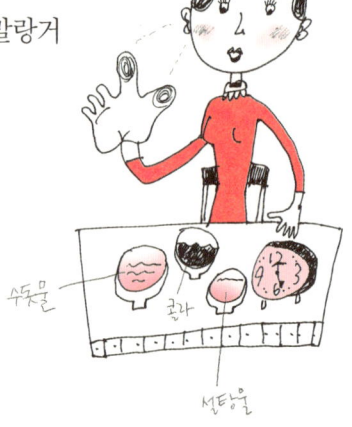

수돗물

콜라

설탕물

맹물일수록 그리고 물이 뜨거울수록 손이 더 쭈글쭈글해졌다. 또한 손가락 끝은 손바닥이나 손등보다 훨씬 더 많이 쭈글쭈글해졌다.

● 유양은 사람이 마네킹에 도전할 수 있는지 궁금해서 저녁을 먹고 약간 소화되었을 때 힘이 별로 들지 않는 자세로 마네킹에 도전했다.

20분이 되자 손이 저리기 시작했고, 30분이 지나자 뼈에 구멍이 송송 뚫린 것처럼 저려왔다. 결국 유양은 마네킹에 도전한 것을 후회하면서 3분 동안 코에 침을 발랐다.

● 공양은 어디선가 초콜릿을 먹으면 기억력이 좋아진다는 말을 듣고, 정말 기억력이 좋아지는지 알아보았다.

초콜릿을 먹지 않고 영어단어를 외우는 것과 초콜릿을 먹고 외우는 것을 비교했다. 초콜릿을 먹기 전에는 영어단어 5개를 외웠고, 먹은 후에는 8개를 외웠다고 한다.

● 정양은 기말고사 4일 동안 엄마가 챙겨주는 아침밥을 먹었다. 그 뒤 시험이 끝나고 밥을 먹지 않았더니 그 시간이 되면 뱃속에서 꼬르륵거리는 소리가 났다. 그래서 이것이 우연이었는지 알아보기 위해 실험해보았다.

우선 3일 동안은 아침밥을 꼬박꼬박 먹고 4일째부터는 먹지 않았다. 그랬더니 밥 먹을 시간이 되자 뱃속에서 꼬르륵 소리가 났다. 정양은 우리 몸은 습관에 빨리 적응하는 것 같다고 생각했다.

● 김양은 여름에 아이스크림을 먹으면 달고 시원하지만 먹고 나면 혀와 입술이 아이스크림 색으로 변해버리는 걸 알았다. 김양은 여기서 힌트를 얻어 음식으로 염색이 가능한 지 알아보았다.

혀 대신 삶은 달걀의 흰자를 탄산 음료, 이온 음료, 과일 음료, 머리염색약, 식초, 간장, 젤리 녹인 물, 초콜릿 녹인 물에 넣어 30분 동안 넣었다 꺼내 색을 관찰해보았다.

관찰 결과, 머리염색약〉간장〉초콜릿 녹인 물〉과일 음료〉탄산 음료〉젤리 녹인 물〉식초〉이온 음료순으로 염색이 되었다. 김양은 자료를 찾으면서 아이스크림에 들어 있는 식용색소가 몸에 쌓이기도 하며 얼마나 몸에 나쁠 수 있는지 알게 되었다.

● 최양은 여름방학 휴가를 가기 전 아이스크림을 냉장고에 넣어둔 채 전기를 끊고 며칠 휴가를 다녀와 보니 아이스크림이 터져 썩은 냄새가 나고 있었다.

그렇다면 음료수는 온도가 다른 조건에서 시간이 흐르면 어떻게 변할지 실험해보았다.

우유, 요구르트, 요플레, 콜라, 주스를 각각 4개의 컵에 넣고 이 중 하나의 컵은 그대로 부엌에, 하나는 랩을 씌운 다음 부엌에, 하나는 바람이 잘 통하는 베란다에, 나머지 하나는 뜨거운 물을 받아둔 세면대에 담가두었다.

1. 랩을 씌우지 않고 부엌에 두었을 때

	우유	요구르트	요플레	콜라	주스
12시간	앙금이 생기며 냄새가 나기 시작함	변함없음	변함없음	변함없음	변함없음
24시간	응고가 되기 시작함	색이 변하기 시작하고 요구르트 냄새가 줄어듦	신 냄새가 나기 시작	김이 빠져나감	주스 냄새가 점점 줄어듦
36시간	한 덩어리가 되어가는 중	냄새 심해짐.	맛이 많이 변하고 냄새가 진해짐	김이 빠져나가고, 맛이 없어짐	신 냄새가 없어지고 맛이 없어짐
48시간	덩어리가 많이 생김	요구르트 냄새가 거의 나지 않고, 색이 많이 변함	색이 진해졌으며, 덩어리가 생김	콜라 냄새가 나지 않음. 색의 변화는 없음	냄새가 나지 않으며 색에는 변화가 없음

2. 랩을 씌우고 부엌에 두었을 때

	우유	요구르트	요플레	콜라	주스
12시간	덩어리와 막이 생김	변함없음	변함없음	변함없음	변함없음
24시간	응고되기 시작	맛과 냄새가 진해짐	신 냄새가 남	변함없음	변함없음
36시간	냄새 심하고 덩어리가 보임	색이 진해짐	냄새가 점점 진해짐	김이 조금 빠짐	신 냄새가 조금 줄어듦
48시간	많은 덩어리가 생김	색이 더 진해지며 냄새도 심해짐	흰 덩어리가 생기며 색이 진해짐	김이 조금 빠졌으며 색의 변화는 없음	주스 냄새가 어느 정도 남아 있으며 색의 변화는 없음

3. 바람이 잘 통하는 베란다에 두었을 때

	우유	요구르트	요플레	콜라	주스
12시간	변함없음	변함없음	변함없음	변함없음	변함없음
24시간	앙금이 생김	변함없음	변함없음	변함없음	변함없음
36시간	덩어리가 생기며 냄새가 심함	맛이 변하기 시작하고 색이 연해짐	색이 진해지고 냄새가 변함.	김이 빠져서 냄새가 날아가고 맛이 없음	냄새도 나지 않고 맛이 없어짐
48시간	냄새가 더 심하고 덩어리도 크게 생김	냄새가 심하고 색은 연해짐	덩어리가 많이 생김	변함없음	색의 변화는 없으며, 냄새와 맛이 변함

4. 뜨거운 물에 담가두었을 때

	우유	요구르트	요플레	콜라	주스
12시간	앙금이 생김	변함없음	신 냄새와 신맛이 심해짐	김이 빠짐	변함없음
24시간	손가락을 넣어 보았더니 흰색 덩어리가 묻음	맛과 색이 변함	냄새와 맛이 더 심해짐	김이 빠짐	변함없음
36시간	덩어리 짐	막이 생기며 색은 진해짐	색은 조금 변했지만 냄새는 심하게 변함	콜라 냄새가 없어짐	냄새가 줄어듦
48시간	발효가 되는 것 같음	막이 많이 생김	덩어리가 생기고 색이 진해짐	맛이 없어지고 콜라 냄새도 나지 않음	신 냄새가 완전히 줄어듦

실험 결과, 최양은 음료수는 종류별로 보관하는 방법이 다르며, 규정된 보관법에 어긋나면 쉽게 변화할 수 있다는 것을 알았다. 또한 우유, 요구르트, 요플레와 같이 신선도가 유지되어야 하는 제품들은 더욱 잘 보관해야겠다고 생각했다.

● 초양은 사람들이 이온 음료보다 탄산 음료를 선호한다는 걸

알고 탄산 음료가 우리의 몸에 어떤 영향을 주는지 알고 싶었다.

사람 뼈 대신 고등어 뼈를 탄산 음료에 넣었다. 이온 음료에 넣었던 고등어 뼈는 약
간 녹기는 했지만 거의
변화가 없었다.

탄산 음료는 데미
소다(오렌지)와 사이다
그리고 콜라를 사용했다. 데미소다는 많
이 변하지 않았고, 뼈에 주황색이 약간 물들
어 있었다. 사이다는 색이 없어서 물들지는
않았지만 뼈가 많이 녹았다. 콜라의 상태
가 심각했는데, 콜라에 넣은 고등어 뼈
는 너무 많이 녹아서 아주 얇아졌으며
갈색으로 변해 있었다.

● 오양은 친구네 집에서 아주 매운 쭐면을 먹었다. 너무 매워서
물도 먹어 보고 손으로 부채질도 해보고, 얼음을 혀에 얹어보기
도 했지만, 잠깐은 잊을 수
있어도 다시 매워졌다.
때마침 오양은 매운 것을
먹고 나서는 찬 우유
를 천천히 마시면

괜찮아진다는 것이 생각났다. 그래서 우유를 마셨더니 정말로 맵지 않았다.

● 오양은 매운맛을 줄이는 방법으로 우유를 먹는 것이 좋다는 것을 알았다. 오양은 우리가 느끼는 매운맛은 캡사이신이라는 화학물질 때문에 혀가 자극 받아 고통을 느끼는 것이라고 과학 선생님이 하신 말씀이 생각났다.

그래서 오양은 아픈 곳에 우유를 바르면 고통이 좀 나아지는지 실험해보기로 했다.

오양은 다리의 멍든 곳, 까져서 피가 나는 곳, 친구의 티눈 등 주변 사람들의 상처에 우유를 발라보았다.

그 결과 상처에 우유를 바르면 시원하기는 하지만 통증을 완화시키지는 못한다는 걸 알았다. 역시 먹는 걸로 장난치면 안 된다고 오양은 생각했다.

● 고양은 인터넷에서 콜라뿐만 아니라 다른 음료수도 치아에 해롭다는 기사를 읽고 직접 확인해보았다.

요리하지 않은 생닭의 뼈를 깨끗이 씻은 후 뼈의 무게를 잰 다음 용기에 포카리스웨트, 콜라, 주스, 아이스티, 우유를 100ml씩 담았다. 2일에 한 번씩 뼈를 꺼내어 무게와 둘레를 쟀다. 음료수가 상하지 않도록 냉장보관 했으며, 2일에 한 번씩 음료수를 갈아주었다. 둘레를 잴 때는 실을 이용하여 쟀다.

두 번째로 뼈의 무게를 쟀을 때 모두 무게가 늘어나 있었다. 그러나 그때 이후로는 점점 무게가 줄었다. 우유만 처음보다 무게가 늘었다.

고양은 실험 전에 음료수에 넣기 전의 뼈의 무게만 측정했지 둘레는 재지 못했다. 포카리스웨트와 아이스티는 두 번째보다 세 번째 잴 때 더 적게 나왔다. 네 번째 쟀을 때는 세 번째와 같았다. 콜라는 계속 0.2cm씩 줄었다. 주스는 0.5cm 늘었고 우유는 줄었다가 다시 늘었다.

고양은 결과적으로 우유는 처음보다 무게가 더 늘었으므로 뼈에 그다지 해로운 영향은 없는 것으로 생각했다. 반면 콜라는 물론 포카리스웨트나 아이스티는 뼈에 해롭다는 생각을 했다.

고양은 실험 전에 둘레를 재지 않고, 무게만 재도 될 것으로 생각했다. 그런데 예상을 깨고 부피가 증가해서 두 번째 측정할 때부터 둘레를 잰 것이 아쉬웠다. 그리고 둘레를 잴 때 매니큐어로 표시해놓기는 했지만 정확하게 같은 자리를 재지 않았기 때문에 결과가 정확하게 나오지 않은 것 같다고 한다.

● 김양은 같은 양의 소금과 설탕을 물에 녹여서 어떤 맛이 더 강하게 나는지 알아보기로 했다. 실험 결과, 짠맛이 약간 더 강했다.

김양에게 오늘의 실험 결과는 상큼한 충격이었고, 이런 기막

힌 실험을 해낸 자신이 대견하고 신기했다고 한다.

● 김양은 더운물과 찬물 중 어떤
물이 젓가락을 더 휘어 보이게 할
지 집에서 라면을 먹으려고 물을
끓이는 도중 실험해보았다.
찬물과 더운물을 몇 번이고
번갈아 실험해봤지만 조금도
차이가 없었다.

● 권양은 콜라에 이를 넣으면 부식되어 손으로 깨뜨릴 수도
있다는 말을 듣고, 손톱은 어떻게 변할지 실험해보았다. 콜라를
오목한 접시에 찰랑찰랑 찰 정도로 담고 엄지손가락의 손톱을
넣었다.
손톱을 넣고 5분이 지나자 콜라에 공기방울이 많이 생겼지만
별다른 변화는 없었다.
10분 후에 보니 공기방울이 커지기는 했으나 역시 손톱에는
아무런 변화가 일어나지 않았다. 24시간 후에 보니 콜라의 공기
방울 수와 손톱의 크기가 줄어 있었고, 까맣게 염색되어 있었다.
이빨처럼 손으로 깨뜨릴 수 있을까 해서 만져보니 오히려 콜라
에 넣기 전보다 조금 딱딱했다.

주변의 작은 것에 관심을!

● 김양은 패스트푸드점인 맥도널드나 버거킹, 롯데리아의 간판이 모두 빨간색이라는 것을 알았다. 왜 한결같이 빨간색 간판을 사용했는지 궁금했다. 그리고 베니건스나 씨즐러, T.G.I는 간판에 초록색을 주로 사용한다는 것을 알았다. 김양은 이것을 보고 색깔과 음식점에는 어떤 관계가 있을 거라고 생각했다.

그래서 색깔과 식욕과의 관계를 설문조사 해보았다. 수박과 키위, 백도를 같은 크기로 자른 후 사진으로 찍어 사람들에게 보여주고 설문지를 작성하게 했다.

그 결과, 사람들은 수박을 담은 접시를 가장 많이 선택했다. 그 다음으로 키위, 백도순이었다.

자료를 찾아보니 음식의 색깔이나 접시의 색깔, 식탁보의 색깔까지도 우리의 식욕을 좌우할 수 있다고 한다.

김양은 그렇다면 음식집을 차릴 때나 비만으로 고민하는 사람들도 색깔이 주는 이미지를 잘 활용해서 쓰면 좋을 것 같다고 생각했다.

● 수양은 친구들이 핸드폰으로 문자를 보내거나 작업을 할 때 어떤 손가락을 쓰는지 관찰해보았다. 대부분 아니 모든 친구들이 엄지손가락만 사용하는 것을 볼 수 있었다. 수양은 엄지손가락과 다른 손가락을 모두 활용해서 핸드폰으로 문자를 보내 보

려고 했지만 불편해서 도저히 보낼 수가 없었다고 한다.

● 노양은 병원에서 레이저로 점을 빼기도 하고, 레이저가 나가는 총도 있다고 들었다. 그래서 노양은 3,000원짜리 레이저 총을 구입한 다음 여러 가지 실험을 해보았다.

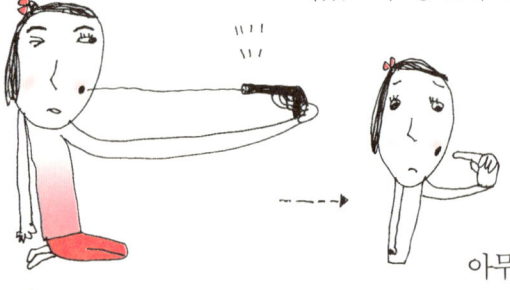

먼저 레이저로 실을 끊어보기 위해 실에 10분 동안 레이저를 쐬었으나 중간에 동생이 건전지가 닳는다고 빼앗아 가버렸다. 실에는 아무런 변화가 없었다. 얼굴에 난 점에도 레이저를 쐬었지만 역시 아무런 변화가 없었다.

● 강양은 동생이 책을 보고 있을 때 눈을 유심히 살펴보았더니 눈이 옆으로 움직일 때 부드럽게 살살 움직이지 않고 딱딱 끊기면서 움직이는 것을 발견했다. 그래서 책은 보지 말고 부드럽고 자연스럽게 눈동자를 좌우로 움직여보라고 했지만 역시 끊기면서 움직였다.

● 곽양은 사람들이 길을 걸을 때 어느 쪽 다리부터 내밀고 걷는지 실험해보았다.

   왼손잡이인 남동생과 오른손잡이인 여동생을 한 명씩 차려 자세에서 각자 걷게 했을 때 둘 다 오른쪽 발을 먼저 내딛고 걸었다.

   실험하기 전 곽양도 직접 걸어보았는데 정말 무의식적으로 오른발을 먼저 내밀고 걸었다.

왼손잡이 男   오른손잡이 女   → 곽양   오른발   오른발   오른발

● 황양은 텔레비전에서 웃음이 전염된다는 황수관 아저씨의 말을 듣고 친구들과 말을 하면서 계속 웃어보았다(절대 비웃지는 않았다). 그 결과 황양의 친구 송이, 선화, 혜민이가 같이 웃어주었다.

황양은 엄마에게도 웃으면서 말을 했는데 엄마는 쳐다보지도 않으셨다. 다시 동네 슈퍼와 정육점, 은행에 갔을 때 웃으면서 말했더니 모든 분이 같이 웃어주셨다.

황양은 웃음이 전염된다는 것을 알았고(엄마만 빼고), 덕분에 항상 무표정이었던 것을 고칠 수 있었다고 한다.

● 문양은 바퀴벌레는 눈이 있어서 사람을 보고 도망가는 것이라고 생각했다. 그런데 어느 날, 바퀴벌레를 잡으려고 하다가 기침을 했더니 바퀴벌레가 도망가고 말았다.

그래서 다음에는 아주 조심스럽게 다가갔더니 바퀴벌레는 도망가지도 않고, 아무런 움직임도 없었다.

문양은 바퀴벌레는 눈이 아닌 더듬이로 공기의 움직임을 파악하며 도망간다는 것을 알고, 앞으로는 바퀴벌레를 잡을 때에 공기의 움직임을 최소한으로 줄여야겠다고 생각했다.

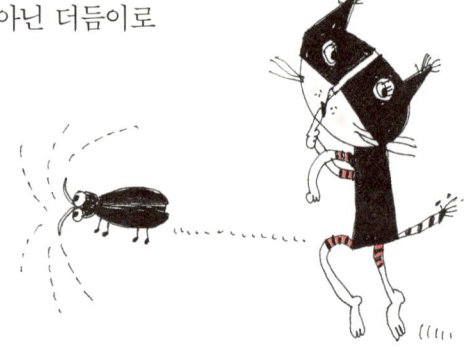

● 허양은 핸드폰이나 가전제품들이 물에 젖어 고장이 난 것을 보고, CD도 물에 젖으면 고장이 나는지 실험해보았다.
한 번도 쓰지 않는 게임 CD를 물에 적셔서 약간의 물기를 닦은

다음(컴퓨터가 고장날까 봐) CD를 실행시켰다. 그런데 CD는 마치 아무 일도 없었다는 듯이 너무 잘 돌아갔다.

● 홍양의 핸드폰은 텔레비전을 켤 수 있는 기능이 있다. 그래서 어떤 것이 더 빨리 켜지는지 리모컨과 핸드폰의 대결을 펼쳐보았다.

1라운드는 텔레비전 켜기, 2라운드는 화질을 50으로 조정하여 흐리게 했다. 우선 1라운드에서 핸드폰을 누르자 '삐욱' 하는 소리가 나면서 텔레비전이 켜졌지만, 리모컨은 누르자마자 켜졌다.

2라운드는 어려워서 아빠와 같이 했는데 역시 핸드폰보다는 리모컨이 더 빨랐다.

● 윤양은 머리카락에 안경집, 선크림, 엄마 크림, 엄마 로션을 매달아보면서 얼마나 버티는지 실험해보았다.

머리카락은 안경집(약 40g)은 아주 간단히 들어올렸고, 선크림(약 70g), 엄마 크림(105g)도 들어올렸지만 엄마의 로션(약 185g)을 들어올리지 못하고 끊어져버렸다.

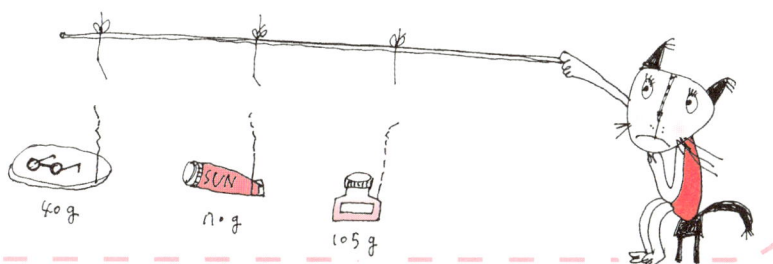

그래서 윤양은 머리카락의 상태에 따라서 견딜 수 있는 무게가 달라지는지 머리카락의 상태를 달리하면서 실험해보았다.

윤양은 목욕한 후 머리카락, 얼린 머리카락, 동생의 머리카락, 하루 동안 물에 불린 머리카락에 크림을 매달았는데 실망스럽게도 모든 머리카락이 끊어져버렸다.

● 박양은 평균 점심식사 시간으로 몇 분이 적당할지 총 8명의 친구들의 점심식사 시간을 알아보고 평균시간을 계산해보았다.

인터넷에 알아본 결과 적당한 식사 시간은 20~30분이라고 나왔는데, 그에 비해 친구들의 식사 시간은 평균 9분으로 매우 빨랐다.

박양은 앞으로 건강을 생각한다면 식사 시간을 지금보다 늘려야 한다고 실험에 참여한 친구들에게 말해주었고, 자신도 식사 시간을 늘려야겠다고 생각했다.

● 이양은 친구와 이야기하며 걸을 때와 혼자 걸을 때 중에 언제 더 많이 걸려 넘어지는지 알아보기로 했다.

친구들의 이야기를 종합해본 결과 이양은 7월 13일과 14일에는 친구와 함께 갈 때 더 많이 걸려 넘어질 뻔했고, 7월 15일은 혼자 걸을 때와 같았다.

친구들 4명 중 3명이 친구와 함께 걸을 때 더 많이 걸려 넘어질 뻔했다고 대답했다.

친구와 함께 이야기하면서 걸을 때가 혼자 걸을 때보다 더 많이 걸려 넘어질 수 있다는 것을 알았다.

▶ 물에 담근 손은 왜 쭈글쭈글해질까?

삼투현상이란 농도가 낮은 용액에서 농도가 높은 용액으로 용매 입자가 이동하여 농도를 같게 하려는 성질이다. 때문에 사람의 체액보다 농도가 낮은 물에 피부를 담그고 있으면 물이 피부 속으로 들어와 쭈글쭈글해지게 되는 것이다.

▶ 왜 손에 이런 현상이 생기는 것일까?

손바닥에 주름이 있기 때문이다. 주름이 있는 탄탄한 부분은 안으로 들어가고 주름이 없는 부드러운 부분은 흡수된 물 때문에 부풀어올라 쭈글쭈글하게 된다.

▶ 파랗게 든 멍 달걀로 문지르면?

멍은 혈관이 터지면서 흘러나온 피가 피부조직에 스며들어 검붉게 또는 시퍼렇게 변한 것이다. 텔레비전을 보면 눈언저리에 파랗게 멍든 장면을 많이 볼 수 있는데, 이는 눈 주변의 조직이 다른 부위에 비해 엉성하게 되어 있어 피가 많이 오래 고여 있을 수 있기 때문이다.

멍은 남자에 비해 여자가 더 잘생기며 이는 남자에 비해 피부가 얇아 작은 충격으로도 혈관이 쉽게 상처를 받고 여성 호르몬이 혈관 벽을 약하게 만들기 때문이다.

멍이 생길 부위를 줄이려면 부딪힌 직후 주변을 얼음을 싼 젖은 수건으로 눌러 혈관을 수축시켜야 하며 멍이 들고 시간이 좀 지나면 따뜻한 물수건을 대어 조직 사이에 고인 피가 흩어지고 빨리 흡수되도록 해야 한다.

민간요법으로 멍 주위를 계란으로 문지르는데 이렇게 멍 주변을 마사지 해주면 혈액순환을 도와 멍이 빨리 사라지게 된다.

▶ 비밀스런 똥의 비밀은?

액체인 소변과 달리 대변은 70%의 수분과 고형성분으로 이루어져 있다. 이 고형성분의 3분의 1에서 2분의 1 정도는 장에서 살고 있는 세균덩어리이며 나머지는 소화되지 않는 음식찌꺼기와 장벽에서 떨어진 세포, 소화액이 차지한다. 만약 대변의 수분양이 80%를 넘으면 설사로 변하며, 반대로 수분양이 40~50% 정도로 술어들면 변비가 된다.

변은 대부분 갈색을 띠는데 이것은 장에서 사는 세균이 노란색의 담즙을 변색시켰기 때문이다. 하지만 음식의 색도 영향을 미쳐 당근을 많이 먹을 경우 주황색 변을, 녹색채소를 많이 먹을 경우 녹색의 변을 보기도 한다.

변의 고약한 냄새는 장내 세균이 음식물을 소화시키면서 만드는 스카톨, 인솔, 황화수소, 암모니아가 주범으로 특히 동물성 단백질을 많이 먹었을 경우 더 고약한 냄새가 나게 된다.

▶ 매운 음식을 먹은 후 아이크림을 먹으면?

고추의 매운맛을 내는 성분은 캡사이신이라는 물질로 물에는 잘 녹지 않지만 기름에는 잘 녹는 지용성 분자다. 때문에 매운 음식을 먹고 난 후 많은 양의 물을 먹어도 혀에 붙은 캡사이신이 떨어지지 않아 매운맛이 금방 사라지지 않는다. 물론 기름을 입에 머금고 있으면 캡사이신이 기름에 녹아 매운맛이 금방 사라지겠지만 얼큰한 음식을 먹은 후 기름을 머금고 있어야 한다면 고역이 아닐 수 없다.

이럴 때에는 우유나 아이스크림을 이용하면 되는데 이 음식 속에는 물속에 작은 기름방울들이 분산되어 있으므로 이 기름방울에 캡사이신이 녹아들어가 매운맛이 금방 사라지게 된다. 또한 같은 원리로 고춧가루가 눈에 들어갔을 때에도 물보다는 우유로 씻는 것이 효과적이다.

▶ 바퀴벌레는 어떻게 살까?

바퀴벌레는 현존하는 날개 달린 곤충들 가운데 가장 원시적인 부류에 속하며(3억 2,000만 년 이상 거의 변하지 않았음), 가장 오래된 화석化石 곤충의 하나다.

바퀴벌레는 따뜻하며 습하고 어두운 장소를 좋아한다. 보통 열대나 온화한 기후 지역에서 흔히 볼 수 있다. 해충은 얼마 안 되나, 종에 따라서는 상당한 해를 주며 불쾌한 냄새를 낸다. 먹이는 식물과 동물의 산물을 포함하여 식품·종이·옷가지·책에서부터 죽은 곤충, 특히 빈대에 이르기까지 매우 다양하며, 살충제로 퇴치한다.

이질바퀴(Periplaneta americana)는 길이가 30~50cm이고, 적갈색을 띠며 옥외나 어둡고 따뜻한 옥내(이를테면 지하실이나 주방)에 산다. 성충 시기는 약 1년 6개월이며 암컷은 50개 이상의 알주머니를 낳는데, 알주머니 하나에 알이 16개쯤 들어 있으며, 이들은 45일 후에 부화한다. 약충 시기는 11~14개월간 지속된다. 이 종류는 열대와 아열대 아메리카에 살며, 날개가 잘 발달되어 먼 거리를 비행할 수 있다.

▶ 탄산 음료의 유래는?

탄산 가스의 수용액으로 만드는 발포성發泡性 청량음료로 사이다, 콜라, 소다수 등을 가리킨다. 1780년경부터 제조되었다. 지금까지 내려온 제조법은 설탕을 녹인 물에 산미료酸味料·향료·착색료 등을 첨가하여 만든 시럽을 병에 담고, 여기에 이산화탄소를 가압·용해 시킨 물을 채워 마개를 막는 것이 일반적이었다.

요즘에는 시럽과 물을 먼저 섞고 여기에 이산화탄소를 가압·용해 시키는 방법이 널리 쓰이고 있다. 향료는 감귤류나 콜라, 포도에서 채취하며 산미료는 시트르산(콜라는 인산)이 가장 많이 쓰인다.

> "모든 과학은 일상적인 사고를 개선시킨 것에 지나지 않는다."
>
> −아인슈타인

 말하고 움직이는 상자를 보다 − 텔레비전

텔레비전 시대를 가능하게 한 최초의 텔레비전 발명가는 누구일까?

그는 바로 존 베어드라는 영국 사람으로, 조금은 불행한 발명가였다. 어릴 적 그는 잡지에 실린 글을 읽고 그대로 전화기를 만들어 온 동네를 깜짝 놀라게 한 적이 있다.

그후 그 소년은 커서 못 쓰는 가구로 텔레비전을 만들어냈는데 그가 만든 텔레비전의 원리는 아주 간단한 것이었다. 마분지를 둥글게 잘라 원판을 만들고, 이 원판에 작은 구멍을 몇 개 뚫어 모터로 돌리면 물체의 그림자가 위부터 차례로 가로로 펼쳐지며 나누어진다. 이때 나오는 빛을 렌즈에 모아서 광전지에 보내면, 여러 가지 강도의 전기가 흘러나온다. 그러면 이것을 옆방에서 스크린에 받아모은 것이다. 그렇게 흐릿하나마 물체의 그림자를 스크린에 비추는데 성공한 베어드는 뛸 듯이 기뻤다. 그러나 세계 최초로 만든 베어드의 텔레비전은 아직도 개선할 점이 많았고, 실용화할 만큼 연구를 진척시키기에 그는 너무 가난했다. 게다가 건강마저 극도로 나빠져, 베어드 자신은 텔레비전의 대중화를 보지 못한 채 세상을 떠나고 말았다.

 ## 일상 생활의 도우미 – 재봉틀

일일이 손으로 해야 하는 바느질을 기계로 대신하게 한 편리한 재봉틀은 어떻게 만들어진 것일까?

그는 절름발인데다가 몸까지 허약했던 하우라는 사람으로 그의 아내가 바느질 일로 생계를 꾸려나가고 있었다. 하우는 아내가 고단해하는 모습을 볼 때마다 똑같은 일을 되풀이하는 것을 기계가 대신 못할 까닭이 없어 보였다. 재봉 기계를 만들기로 결심한 하우는 틈만 나면 재봉 기계에 관한 연구에 몰두했으나 발명이 쉽지 않았다. 오랜 궁리 끝에 하우는 손의 움직임을 흉내내어 움직이는 기계를 고안해냈다.

그리고 마침내 5년 동안 모든 시간을 투자한 끝에 앞쪽 바늘구멍에 실을 꿰어 윗실과 밑실로 겹바느질을 할 수 있는 이중 재봉법을 발명하게 되었다. 하지만 처음에 이 기계는 미국에서 큰 관심을 끌지 못했다. 큰돈을 벌 가능성이 없자 하우는 영국에서 특허권을 250파운드(1,250달러)에 팔아넘겼다. 그는 영국으로 이사해 주당 5파운드를 받고 가죽 등의 두터운 감도 재봉질할 수 있도록 재봉틀을 개량하는 작업을 했다. 하지만 재정상태가 악화되자 그는 가족을 미국으로 되돌려보냈다. 결국 그도 무일푼으로 미국에 돌아와보니 그의 부인은 거의 죽어가고 있었고, 자신의 특허권을 침해하여 미국 내에서 재봉틀이 널리 제작, 판매중인 것을 알게 되었다.

1854년, 여러 차례의 소송 끝에 그의 권리가 확증되었고 그때부터 특허권의 만기인 1867년까지 그는 미국 내에서 생산되는 모든 재봉틀에 대한 로열티를 받았다.

하늘의 비밀을 드러내다 - 망원경

갈릴레이가 발견하거나 발명한 것 중에서 가장 유명한 것이 망원경인데 그 망원경에 얽힌 재미있는 이야기가 있다.

갈릴레이는 "망원경을 처음으로 발명한 사람은 틀림없이 단순한 안경 제작자였을 것이다. 그는 우연히 다양한 형태의 렌즈를 다루면서 역시 우연히 볼록렌즈와 오목렌즈 2개를 눈에서 다양한 거리를 두고 보다가 놀라운 사실을 발견하여 망원경을 만들게 되었을 것이다"라고 썼다.

1609년 7월, 갈릴레이는 렌즈를 만드는 여러 방법을 실험하기 시작했다. 그리고 한 달 만에 갈릴레이는 기존의 어떤 망원경보다도 비율이 세 배나 큰 망원경을 제작해 의회에 선물로 제공했다. 그해 말에 갈릴레이는 앞서 만든 것보다 세 배나 성능이 개선된 30배 배율의 망원경을 만들었다. 갈릴레이를 망원경의 주요 공로자로 인정

하는 것은 이러한 뛰어난 기구 제작 능력 때문이다. 그는 곧 망원경을 밤하늘로 돌림으로써 갈릴레이는 천문학자로서 명성을 날리게 되었다.

★ 작지만 꼭 필요한 물건-십자 나사못

우리 주변에서 흔히 볼 수 있는 십자(+) 나사못과 드라이버를 발명한 사람은 조그만 전파상에서 기술자로 일하던 필립이다. 집안 형편이 좋지 않았던 필립은 어렵게 중학교에 입학했으나 도중에 공부를 그만둘 수밖에 없었다. 중학교를 중퇴한 필립은 교장선생님의 추천을 받아 전파상에서 견습공으로 일하게 되었다.

필립이 전파상에서 일한 지 일 년쯤 되었을 때 가게 기술자가 회사를 옮기면서 그만 두게 되었고, 그동안 성실하게 일해온 필립이 견습공에서 가게 기술자가 되었다. 기술자로서의 생활은 꿈결같이 행복하고 즐거웠다. 그런데 열심히 일하던 필립에게 새로운 고민거리가 생겼다. 그것은 고장난 라디오를 수리하려면 라디오에 박혀 있는 일(-)자 나사못을 빼야 하는데, 어떤 것은 잦은 수리로 일자 홈이 망가져버려 아무리 해도 뺄 수가 없었다. 보통 라디오 수리하는 시간보다 훨씬 더 오래 걸렸다.

그러던 어느 날, 고장난 라디오를 앞에 두고 필립은 난감해졌다. 라디오의 일자 나사못이 그 홈마저 찾아볼 수 없을 지경이었다. 필립은 망가진 일자 나사못 위에 가로로 새로운 홈을 팠다. 그러자 새로 판 가로 홈 덕분에 나사못을 쉽게 빼고 박을 수 있게 되었다. 새로 홈을 판 나사못을 드라이버로 돌려 박던 필립은 기발한 아이디어가 떠올랐다. 바로 십자 홈이면 훨씬 더 쉽게 작업할 수 있다는 것이었다.

그때부터 필립은 일자 나사못에도 하나의 홈을 파 십자 홈으로 고쳐가면서 라디오를 수리했다. 그의 발명은 성공적이었다. 그는 먼 친척의 도움을 얻어 자신의 발명품을 세계 각국에 특허로 출원했다. 필립은 작은 공장을 세우고 십자 나사못과 드라이버를 생산했다. 세계 각국에 출원한 특허도 모두 등록되어 엄청난 로열티를 받게 되었다.

얼음 위에서만 타는 건 이제 그만! – 롤러 스케이트

요즘은 남녀노소 누구나 쉽게 접할 수 있는 운동으로 인라인 스케이트가 각광받고 있다. 그렇다면 최초의 롤러 스케이트는 어떻게 만들어진 것일까?

롤러 스케이트를 발명한 사람은 제임스 레너드 플림튼으로 가구 공장에서 영업을 하는 사람이었다. 하루 종일 밖에서 일하던 그는 신경통에 걸리자 의사가 적당한 운동으로 권한 것이 스케이팅이었다. 하지만 플림튼은 시간을 차일피일 미루며 운동을 하지 않았고, 결국 통증으로 시달리게 될 지경까지 이르자 스케이팅을 타기 시작했다. 그는 조금씩 꾸준히 운동을 하면서 건강을 회복해갔다. 그렇게 한겨울이 지나고 봄이 오자 스케이팅을 타고 싶어도 탈 수가 없었다. 다시 신경통이 돋기 시작하자 플림튼은 계절에 상관없이 스케이트를 탈 방법이 없을까 고민하기 시작했다. 그러던 중 플림튼은 굉장한 것을 목격하게 되는데, 그것은 바로 그의 어린 아들이 바퀴가 달린 장난감을 타고 방 안을 빙빙 돌아다니는 모습이었다. 정신이 번쩍 든 플림튼은 스케이트에 바퀴를 달면 얼음 위가 아닌 어느 곳에서도 탈 수 있다는 생각이 들었다.

그는 바로 다음 날로 신발 뒤꿈치 부분과 발가락 부분 밑에 각각 2개씩 4개의 바퀴 달린 스케이트를 만들어 신었고, 이렇게 해서 세계 최초의 롤러 스케이트가 만들어지게 되었다. 그는 1863년 전문적인 제작업체에 생산을 맡기고, 좀더 기술적으로 다듬은 다음 생산된 롤러 스케이트는 날개 돋친 듯 팔려나갔다.

★ 생활의 또 다른 발견-포스트 잇

요즘 우리 주변에서는 테이프나 접착제, 포스트 잇 등을 흔하게 볼 수 있다. 그런 제품들을 통해 3M이라는 회사의 이름을 많이 들어봤을 것이다. 이 3M에 근무하고 있던 스펜스 실버 박사는 테이프를 만들 때 사용하는 접착제를 만들기 위해 연구를 거듭하고 있었다. 어디에든 잘 붙는 강력한 테이프를 만들고 싶었다. 하지만 원료를 잘못 섞는 바람에 전혀 다른 접착제가 탄생하게 되었다. 강력하기는커녕, 그 접착제를 사용하면 자국도 남기지 않고 쉽게 떨어져버리곤 했던 것이다. 어찌 보면 실패했다고 볼 수도 있었지만 그는 그 결과물을 찬찬히 들여다보면서 생각했다. '이걸 강력한 테이프 말고 다른 용도로 쓸 수는 없을까?' 실버 박사는 자신이 발견한 새로운 접착제를 다른 연구원들에게 보여주기도 하고 설명회를 열기도 했다. 하지만 누구도 거들떠봐주지 않았다.

단 한 사람을 제외하고는. 그는 바로 같은 회사에 다니고 있던 아트 프라이였다. 그는 평소에 성경책을 읽다가 자신이 읽었던 페이지에 종이를 끼워서 표시를 해둔다. 어느 날 다시 성경책을 펼쳤을 때 끼워둔 종이가 사라져 읽던 페이지를 찾기가 힘들어지자 문득 얼마 전 들었던 실버 박사의 접착제 설명회가 떠올랐다. '흔적을 남기지 않고 쉽게 떼어낼 수 있는 접착제' 이 접착제를 종이에 발라 사용하면 쉽게 떼어낼 수 있는 표시가 되기도 하고, 원본을 훼손하지 않으면서 그 위에 자신의 의견을 덧붙여 보낼 수 있는 메모지가 될 수도 있었다. 아트 프라이는 이 접착제를 종이에 발라 사용했고, 지금의 포스트 잇이 탄생하게 된 것이다.

★ 장미넝쿨을 보고 얻은 아이디어 – 철조망

주변에서 흔히 볼 수 있는 철조망을 발명해 세계 최대 갑부가 된 어린 친구가 있다. 그 친구는 어떻게 최고의 발명가가 될 수 있었을까?

집안 형편이 어려워 13세의 어린 나이에 목장에서 일을 하게 된

조셉은 양떼를 보살피며, 양떼가 울타리 넘어 도망가지 못하도록 지키는 일을 담당했다.

나무 그늘에 앉아 책 읽기를 즐겨하던 조셉에게 한 가지 고민이 있었다. 책을 읽다 보면 어느새 양떼가 울타리를 넘어 이웃 농작물을 망쳐 놓았기 때문이다. 울타리를 따라 돌며 양들을 감시해도 조셉의 눈을 피해 양들은 번번이 사고를 쳤다.

조셉은 무슨 좋은 방법이 없을까 고심하던 중 재미있는 사실을 발견하게 되었다. 바로 양들이 울타리를 넘어갈 때 가시가 있는 장미넝쿨 쪽은 피해서 넘어가는 것이었다. 거기에 힌트를 얻은 조셉은 바로 울타리에 장미넝쿨 가시를 조금씩 잘라매었다. 그랬더니 양들이 울타리를 넘어가지 않았다. 그러나 시간이 지나자 꾀가 생긴 양들이 머리를 비벼 장미가시를 떨어뜨리고 다시 울타리를 넘어가기 시작했다.

매번 장미넝쿨 가시를 새로 울타리에 매달 수도 없고 조셉은 난감했다. 그렇게 반년이 지나고 조셉은 우연히 새로운 사실을 발견했다. 철사를 두 가닥으로 꼬아 연결한 뒤 잘라버린 부분에 철사가 조금 남아 있는 것을 본 것이다. 순간 기발한 생각이 떠오른 조셉은 철사로 가시넝쿨을 만들어 울타리에 치면 좋을 것 같다는 생각이 들었다.

다음 날 목장을 살펴보러 나온 주인이 철사가시로 만든 울타리를 보고 깜짝 놀랐고, 조셉은 목장 주인의 도움을 받아 특허출원을 했다. 1년 후 철조망은 전세계 특허청에 등록되었고, 공장 담벼락에

사용되던 것이 제1차세계대전이 일어나면서 세계 각국에서 국경선으로 사용하기 위해 엄청난 양의 철조망을 구입해갔다. 조셉은 물론 미국도 어마어마한 외화를 벌어드릴 수 있었다.